JN000296

半導体立国ニッポンの逆襲

2030復活シナリオ

久保田龍之介
日経クロステック／日経エレクトロニクス記者

日経BP

目次

数字で分かる半導体世界情勢

製造装置 設計ツール

米国　半導体生産能力 **11%***

サプライチェーンでの位置付け
- ファウンドリー側で欠かせないEDA(電子設計自動化)ツールのシェア握る
- 半導体サプライチェーンを主導

キープレーヤー
インテル、IBM、アプライド マテリアルズ
シノプシス、シーメンス EDA、ケイデンスなど

＊米大陸全体での半導体生産能力

製造装置・材料

日本　半導体生産能力 **15%**

サプライチェーンでの位置付け
- 半導体材料のシェア握る、日米で半導体装置・材料を押さえる
- 自動車メーカーなどでの需要

キープレーヤー
東京エレクトロン、
SCREENホールディングス、キオクシア、
信越化学工業、ルネサス エレクトロニクス、
ソニーグループなど

(出所＝日経クロステックが作製、数字は米ノメタリサーチ)

製造装置
半導体生産能力
欧州 5%

サプライチェーンでの位置付け
- 先端半導体に欠かせない EUV露光装置を生産(オランダ)
- 自動車メーカーなどでの需要(ドイツ)

キープレーヤー
オランダ ASML、ベルギー imec

国策による製造戦略
中国
半導体生産能力 16%

サプライチェーンでの位置付け
- 米国などからサプライチェーン締め出し進む
- 先端ロジック半導体の製造阻止対象

キープレーヤー
ファーウェイ、SMIC、YMTC、SMEE

半導体生産
半導体生産能力
台湾 21%

サプライチェーンでの位置付け
- 先端ロジック半導体のシェア握る
- 地政学的リスク極めて高

キープレーヤー
TSMC、UMC

半導体生産
半導体生産能力
韓国 23%

サプライチェーンでの位置付け
- 半導体製造大手の1社であるサムスン電子が存在
- 地政学的リスク高

キープレーヤー
サムスン電子、SKハイニックス

「世界の工場」中国

世界の半導体出荷先地域の割合
(2020年)

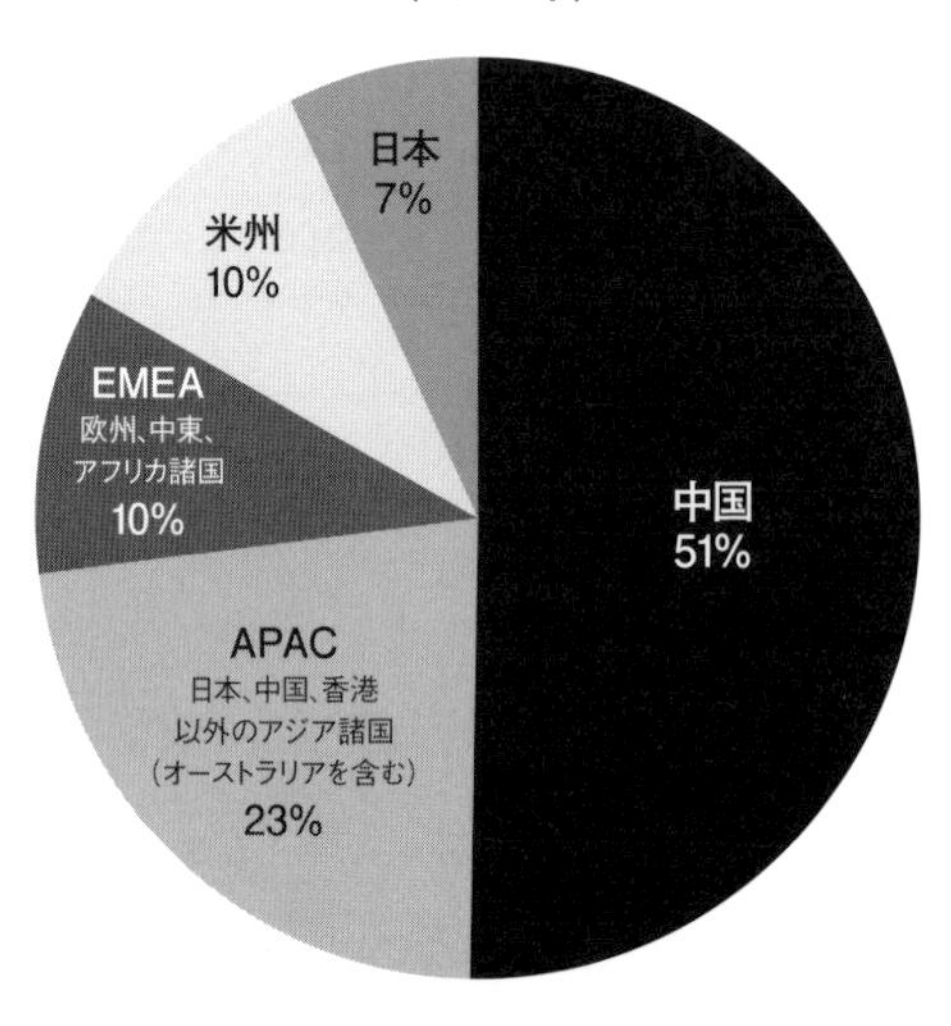

合計額は4736億6300万米ドル
(1米ドル=133円換算で約63兆円)

(出所=英Omdiaのデータを基に日経クロステックが作製)

材料で大きなシェアを握る日本

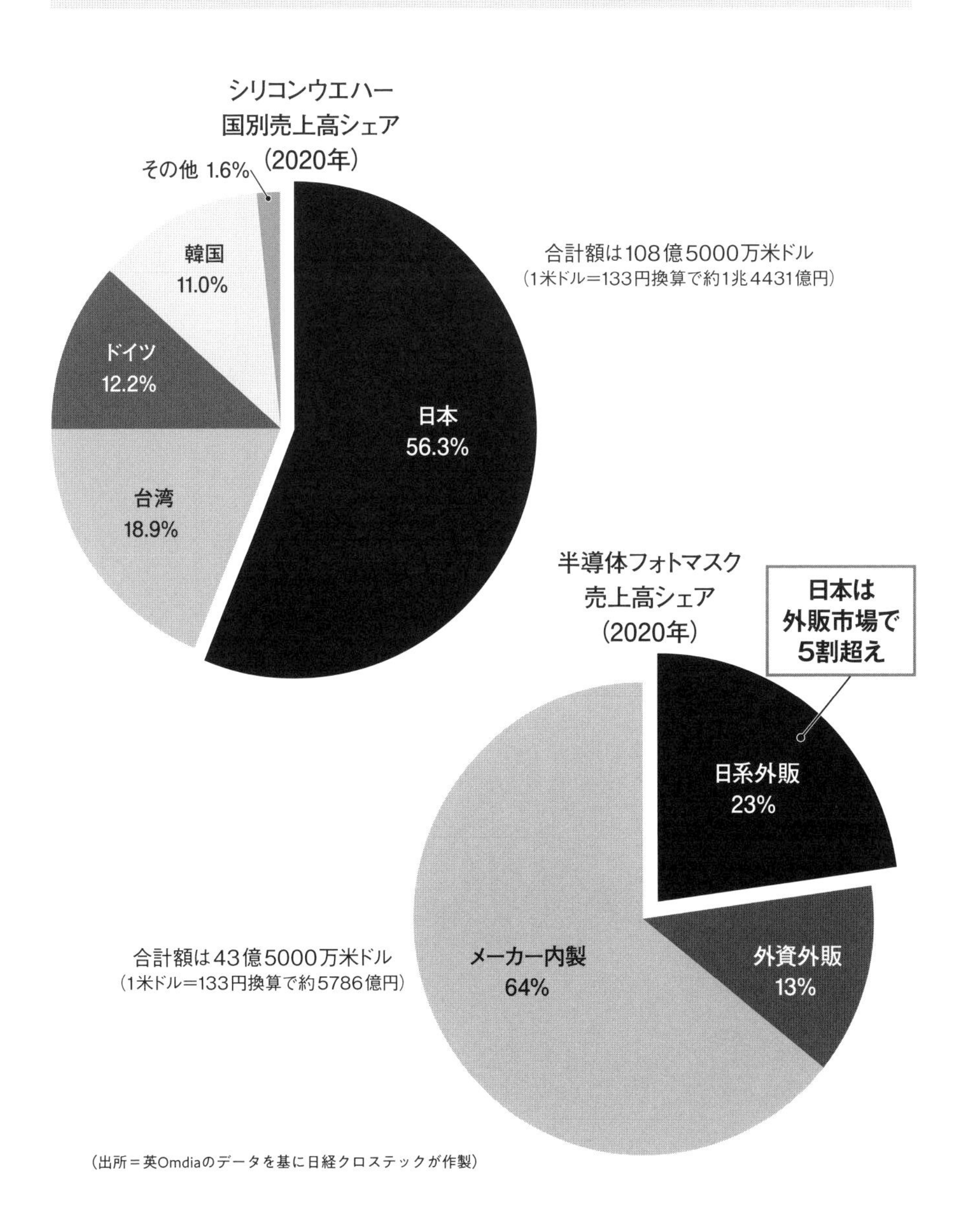

(出所=英Omdiaのデータを基に日経クロステックが作製)

日本、製造装置で世界に存在感

半導体製造装置の市場規模と日本メーカーのシェア

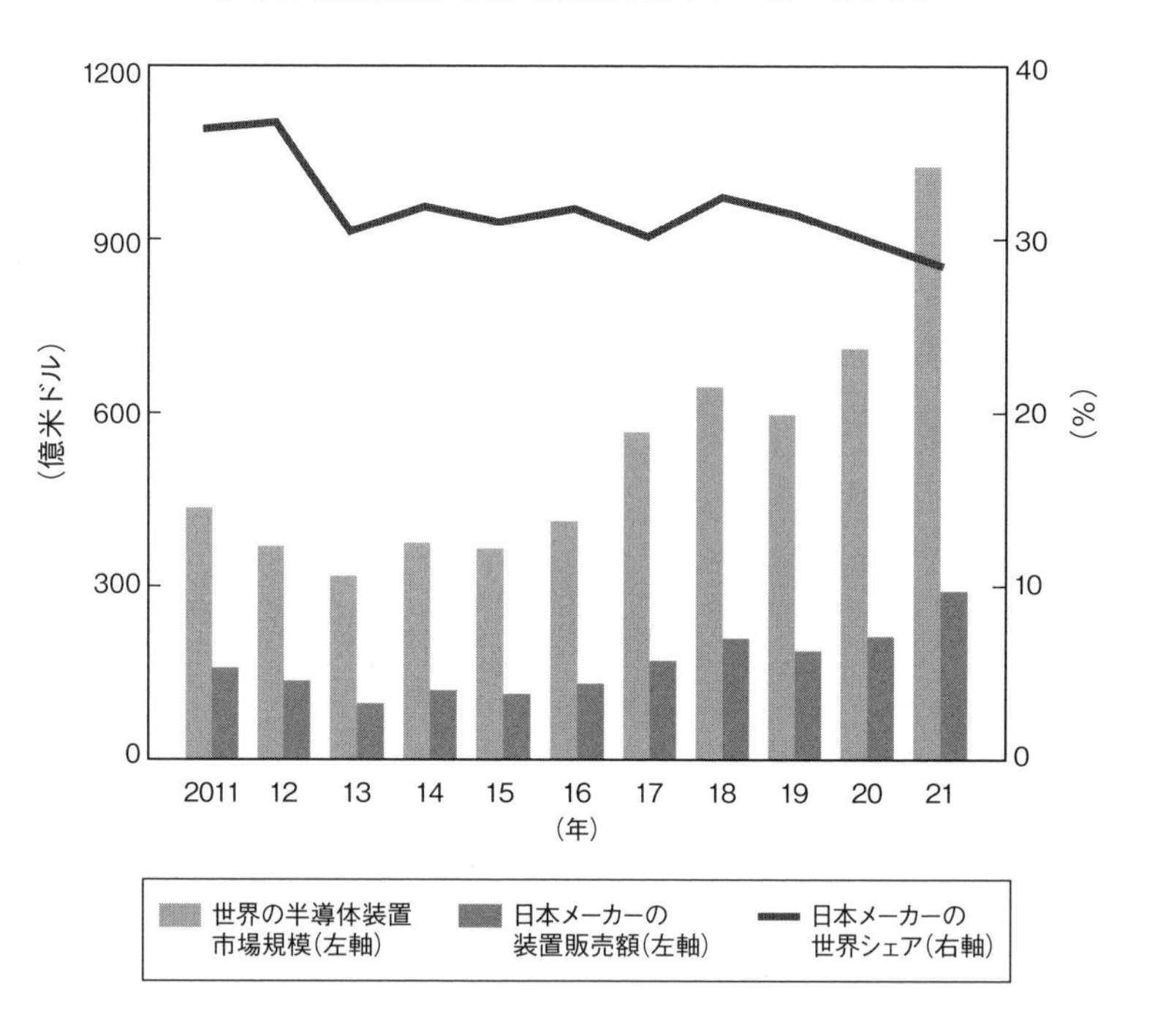

(出所＝SEAJ、SEMIのデータを基に推計)

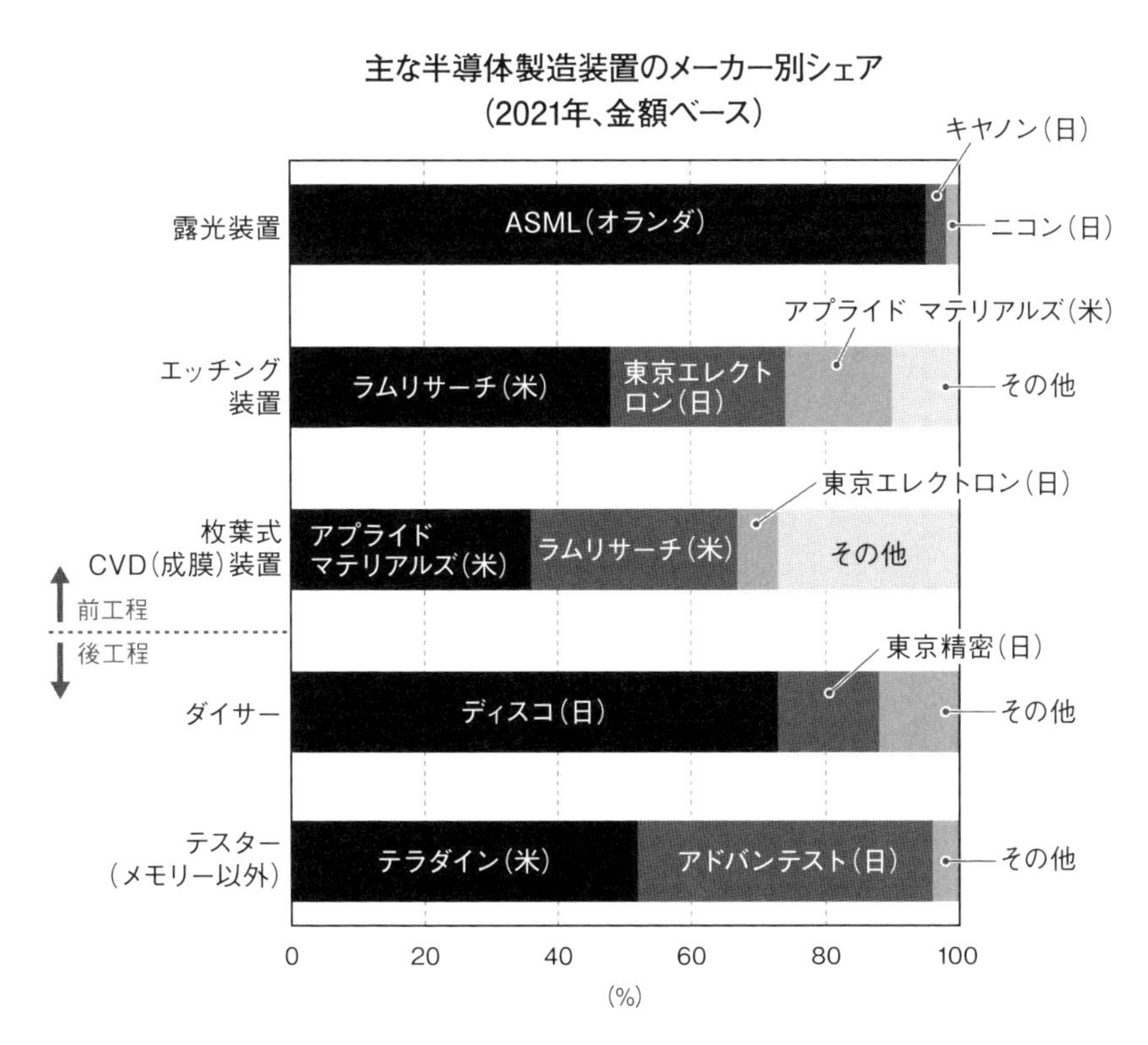
主な半導体製造装置のメーカー別シェア
(2021年、金額ベース)
露光装置
ASML(オランダ)
キヤノン(日)
ニコン(日)
エッチング
装置
ラムリサーチ(米)
東京エレクト
ロン(日)
アプライド マテリアルズ(米)
その他
枚葉式
CVD(成膜)装置
アプライド
マテリアルズ(米)
ラムリサーチ(米)
東京エレクトロン(日)
その他
前工程
後工程
ダイサー
ディスコ(日)
東京精密(日)
その他
テスター
(メモリー以外)
テラダイン(米)
アドバンテスト(日)
その他
0
20
40
60
80
100
(%)
(出所＝野村証券)

知っておきたい半導体用語

トランジスタ

電圧をかけると抵抗が大幅に低下するという半導体の性質を利用し、電流を流したり、止めたりする素子である。電圧をかける部分が照明のスイッチだと考えると分かりやすい。電流が流れている状態を「1」、流れていない状態を「0」とし、この素子を大量に組み合わせることでデジタルデータの複雑な処理が行える。

IC／LSI

データや電気信号処理のために複数のトランジスタを、小さなシリコン（Si、ケイ素）上に作り込んだ電子部品がIC（集積回路、Integrated Circuit）である。初期のICは搭載するトランジスタ数が少なく、それと区別するために多くのトランジスタを搭載したICをLSI（大規模集積回路、Large Scale Integration）などと呼んでいた。しかし、トランジスタの小型化（微細化）が進むにつれ、LSIすらも大規模ではなくなり、その後もさまざまな言葉が生まれたが、次第に定義があいまいになった。現在では、ICとLSIに明確な区別はなく、どちらも内部にトランジスタが多数搭載された電子部品の意味合いである。

半導体製造の前工程と後工程

ＩＣチップの製造は前半である「前工程」と後半である「後工程」に分けられる。

前工程では主にシリコン（Ｓｉ、ケイ素）製の円板「シリコンウエハー」の表面にトランジスタや、トランジスタ同士を結ぶ回路を形成する。１枚のシリコンウエハーの直径は最先端品の製造だと３００ミリメートルが一般的である。この上に数ミリメートル～数センチメートル角のＩＣチップを数百～数千個形成する。

シリコンウエハーの表面のトランジスタは、ナノメートル規模で削って別の物質で埋めたり、シリコンの間に別の物質を浸透させたり、その上に別の物質を堆積させたりして形成する。さらに、できあがったトランジスタの上に銅などの金属でトランジスタ同士を結ぶ配線と、外部から信号や電力を送るための接触点を形成する。

後工程はパッケージングとも呼ばれる。ウエハーの上につくられたＩＣチップを個片化し（切り出し）、ＩＣチップを樹脂で固める。樹脂を固める前には、ＩＣチップに形成された接触点と、パッケージの外部端子とを、はんだや非常に細い電線を使って結ぶ作業も行う。なお、後工程には、パッケージングした半導体をテストする工程を含めることもある。

半導体露光装置／フォトマスク

半導体露光装置やフォトマスクは、製造工程の中でも「露光」と呼ばれる、回路パターンをシリコンウエハーに焼き付ける作業で使われる。

シリコンウエハーにトランジスタや配線を形成する前工程では、特定の場所だけを狙って、削ったり、堆積させたり、別の物質を浸透させたりを繰り返す。この際、シリコンウエハーの上に膜を張り、加工したい部分だけ、その膜を取り除いて処理を施すという手法を採る。この膜は、光が当たると化学反応を起こして構造が変わり、その部分だけ薬剤によって取り除くことができる。この材料はフォトレジストと呼ばれている。この膜に対して光を当てるのが半導体露光装置である。フォトマスクという回路パターンを描いた原板に対して光を当てて、縮小レンズによって膜を張ったシリコンウエハーに回路を転写する。半導体露光装置の光源の光の波長が短いほど細かい線が描け、精密に微細加工ができる。

プロセスノード／プロセスルール／プロセス世代

半導体チップの加工精度を示す言葉である。プロセスノードの数字が小さいほど世代が新しく、性能が向上している。プロセスルールやプロセスサイズ、あるいはプロセス世代などさまざまな呼び方がある。「65ナノメートルプロセスノードで製造した半導体」などと呼ぶ。従来のプロセスノードは、同一面積でのトランジスタの集積度が2倍となるように約0.7倍ずつ細くするように世代を重ねてきた。90ナノメートル、65ナノメートル、45ナノメートル……といった具合である。しかし、近年はプロセスノードの呼称と、配線幅はかい離している。最新の3ナノメートル世代の場合、配線幅は12ナノメートル程度である。このようなかい離が進んでいるのは、微細化を進めるのが技術的に難しくなり、微細化の進捗が鈍ってきているためである。そこで、半導体メーカーは微細化以外の新しい技術も適用して、新たな世代のプロセスを開発するようになった。

ただ、世代が進んだら現行世代に0.7を乗じてプロセスノードを表現するという慣習は残った。例えば、7ナノメートル世代から先は、5ナノメートル世代（7×0.7＝4.9ナノメートル）、3ナノメートル世代（5×0.7＝3.5ナノメートル）、2ナノメートル世代（3×0.7＝2.1ナノメートル）という具合に世代呼称が進んでいく。

IDM／ファブレス／ファウンドリー／ファブライト／OSAT

半導体は大きく設計と製造の2つの段階がある。もともと半導体メーカーは、自社で設計した半導体を、自社の工場で造るスタイルが主流だった。このスタイルをIDM（垂直統合型デバイスメーカー）と呼ぶ。ただ、工場を維持、更新していくためには莫大な投資が必要であり、半導体のような需要変動が大きい製品で工場を持つことは経営的なリスクになってきた。これをきらった半導体メーカーは、工場を持たず、設計のみに特化するようになった。いわゆるファブレスの半導体メーカーである。

一方で、この半導体製造の前工程に特化したのが、ファウンドリーである。さまざまな半導体メーカーからの製造を受託することで、生産の変動を平準化できるとともにノウハウを集約して工場を大規模化し、チップ当たりの製造コストを低減できる。現在は、ファブレスの半導体メーカーが、ファウンドリーに半導体製造を委託するスタイルが主流となっている。IDMでも一部の製造をファウンドリーに委託するケースが多く、ファブライトと呼ぶ。

半導体製造の後工程に特化した製造請負事業者もいる。OSAT（後工程受託製造、Outsourced Semiconductor Assembly & Test）である。自動化が進んでいる前工程に対して、後工程は手作業も多く、労働集約型である。そのため、後工程だけを外注したいニーズがある。このニーズを捉え、ファウンドリーと同様に複数事業者から受託を受けることで生産効率を高めた事業者がOSATだ。有力工場は欧米に比べて人件費が安く、細かい作業が得意な人材がいるとされるアジアに多い。

EDA（電子設計自動化）ツール

IC設計は、当該ICで実現したい機能や処理内容が出発点で、当該ICを製造するために必要データ（例えばフォトマスクデータ）を得ることがゴールである。出発点からゴールまでの間には複数の設計工程があり、各工程ではその工程向けのソフトウエアを使う。このソフトウエア全般をＥＤＡツールと呼ぶ。かつてＥＤＡツールはＩＤＭが自前で開発して利用していたが、現在は専門企業がＥＤＡツールを開発・販売している。ＥＤＡツールには、半導体を設計し製造するためのノウハウが詰まっており、これなしには半導体産業は成り立たない。

ＩＰ

ＩＰは知的財産（Intellectual Property）の略であるが、半導体業界では、大規模なＩＣを構成する回路ブロックの設計データを指す。汎用性の高い（利用される機会が多い）ＩＰは専門企業が設計し提供している。ＩＰを利用することで、大規模なＩＣを短期間で設計することができる。

0 プロローグ

その記者会見は、異様な熱気に包まれていた。

2022年11月11日。東京・霞が関にほど近いオフィス街・虎ノ門である。会場となった高層ビルはどこにでもあるような何の変哲もない建物だった。通りかかった人が外から見ても、この建物の一室で日本の新たな半導体の歴史がつくられようとしている様子はみじんも感じられなかったはずだ。入り口付近に「ラピダス設立会見」と書かれた紙を掲げたスタッフがいなければ、筆者もそのまま通り過ぎてしまっただろう。

ところが、エレベーターで4階に上がった途端、熱気があふれんばかりに伝わってきた。会見場はオフィスフロアにある100人規模の会議室だった。並べられた椅子には記者が隙間なく座り、キーボードに手をかけながら開始時刻を緊迫した面持ちで待っている。部屋の後方では数台のテレビカメラが、やはりえも言われぬ緊張感を発しながら待ち構えていた。

この会社設立の、何がそんなに注目を集めていたのか。その答えは「先端半導体」にある。日本が半導体開発レースの最前線から離脱して20~30年がたつ。この状況を一変させ、国内で最先端を手掛ける会社が発足するという報道が、前日となる11月10日に日本中を駆け巡った。先端半導体という指先に載るような小さな部品は今、日本のみならず、さまざまな国々の命運を左右するまでに重要になった。記者たちの新会社への疑問は山のようにあった。

半導体と聞いてまず連想するのは、2020年ごろから数年にわたり世間をにぎわした半導体不足かもしれない。新車を買おうとしても数年待たされ、家庭内の給湯器が故障しても取り換えられない。家庭用ゲーム機の「PlayStation（PS）5」や「Nintendo Switch（ニンテンドースイッチ）」がなかなか手に入らない――。筆者としても、「半導体が足りないだけでここまで影響するのか」と実感したことを思い出す。これまで半導体を意識してこなかった人も、それが実は電化製品の重要部品であることがあらわになった出来事だった。

実際、半導体は身近にあふれている。筆者は今、東京のオフィスでこの文章を書いている。視界に映るのは、パソコンやスマートフォン（スマホ）、プリンター、電子レンジ、LED電球といった電化製品だ。外に出てみれば、クルマが走り、信号機が点灯して交通を制御する。空では飛行機が飛び、さらに上の宇宙では人工衛星が地球を周回している。半導体はこれら全ての核となる部品であり、逆に使われていない製品を見つけ出すほうが難しい。

半導体とはそもそも何だろうか。本来的には、外部からの刺激（電圧や光、熱など）によって電気を通したり通さなかったりする物質のことである。半導体を組み合わせて製造する極小部品であるトランジスタはいわばスイッチだ。電気の流れを信号とし、通電をオン、絶縁をオフという具合に切り替える。この電気信号を組み合わせることで、0（オフ）と1（オン）で作られたデジタルデータを計算する。

iPhone 14 Pro Maxの基板。ほぼ中央にある一番大きな黒い四角が「A16 Bionic」である。ここに約160億個ものトランジスタが含まれている（撮影＝日経クロステック）

ただ、新聞報道や日常会話などで半導体という言葉が出た時は、「半導体チップ（ＩＣ）」を指していることのほうが多い。特に最先端技術でつくられる「先端ロジック半導体」と呼ばれるチップは、スマホやパソコンの頭脳となり、さまざまな計算処理を担う。数センチメートル角の小片の中に詰め込まれているのは「人類が生み出した最高技術の結晶」である。

一例として、米アップルの「iPhone 14 Pro/Pro Max」に搭載されている半導体チップ「A16 Bionic」を取り上げたい。内蔵するトランジスタはなんと約１６０億個。それが人さし指に載るようなチップの中にあると考えると、信じられない気持ちになる。ウイルスよりもさらに小さく、ナノメートル（10億分の１メートル）規模である。

「この半導体（チップ）は郵便切手より小さいで

すが、80億個以上のトランジスタを内蔵しています。この1チップに、人間の髪の毛の1万分の1よりも細いトランジスタが80億個入っているのです。半導体チップは我々の国に力を与える革新と設計の驚異であり、クルマだけでなく、スマホ、テレビ、ラジオ、医療診断機器など、現代では当たり前の生活を続けることを可能にしています」

2021年、第46代米国大統領のジョー・バイデン氏は、半導体チップをつまみながら会見でこう演説した[1]。半導体不足の状況下で、米国内の半導体製造強化に370億米ドル（約4兆9200億円、1米ドル＝133円換算）を投じることを発表した際の会見だった。自国での半導体の重要性を理解してもらうという、バイデン氏の発言の意図は十分に聴衆に伝わったことだろう。

ただ、バイデン氏が語らなかった、米国にとって悩ましい問題がある。それは、半導体製品は一国だけでは作れないということだ。

先端半導体は世界規模で協力

半導体技術はあまりにも発展してしまった。もはや世界規模で国や企業が協力しなければ、製品を仕上げられないまでになった。

トランジスタが発明されてから70年以上がたつ。「トランジスタをどれほど小さくできるか」。これこそ、現在に至るまでの技術発展度合いを示す、1つの指標である。そして、これまで幾多の企業がこの問題に対してしのぎを削った、あるいは脱落していった原因でもある。

トランジスタが世界で初めて発表されたのは、戦後間もない1948年のこと。ICの発明はそれから10年後の1958年ごろだ。それは、真空管がトランジスタに成り代わる歴史的瞬間だった。真空管もトランジスタも、電気の流れを制御するという点では変わらない。

トランジスタの大きな違いの1つは、小型化(微細化)しやすいという点である。米ベル研究所のトランジスタ発表から、今や半世紀以上の月日がたった。この期間で、トランジスタは一定の割合で微細化を続けてきた。「半導体チップ1個当たりに組み込まれたトランジスタの数は、1年半~2年ごとに2倍になる」。この経験則は、今や世界企業となった米インテルをつくり上げた立役者の1人、故ゴードン・ムーア氏の名前を冠して「ムーアの法則」と呼ばれる。

トランジスタの歴史でも初期の製品であるトランジスタラジオは、それまでの真空管ラジオよりも大幅に小型化したことで注目を集めた。世界的に売れたのは、ソニーが1957年に発売した「TR-63」である。当時としては卓上ラジオが当たり前だった時期に、ポケットサイズまでの小型化——。その衝撃は、筆者にも容易に想像が付く。

TR-63には6個のトランジスタが内蔵されていた。それが今やトランジスタラジオよりも遙(はる)かに小さな半導体チップに数十〜数百億個のトランジスタが内蔵されている。すさまじい微細化が進んできた歴史がここに読み取れるだろう。

微細化による大量のトランジスタ内蔵(集積)を進めてきたのは、その分得られる利益が大きいからである。

例えば、スマホユーザーとしては、バッテリーの持ちが良くなる(寿命が長くなる)ことは実感しやすいかもしれない。より多くのトランジスタで処理するため、面積当たりの計算処理性能が上がる。いわば計算処理を担う「作業員」が増えるため、少ない時間=電力で大量の計算処理ができるようになる。

微細化の世代である「プロセスノード」は、現状の最先端で3ナノメートルにまで進んでいる。次の世代の2ナノメートル世代も視野に入ってきた段階だ。この「ナノメートル」のような表記は、数字が小さくなればなるほど性能が上がっていると考えてよい。

米アイ・ビー・エム(IBM)によれば、2ナノメートル世代のトランジスタをスマホに使った場合、7ナノメートル世代と比べて、バッテリー寿命が4倍になるという[2]。スマホの計算処理が高速になり、より長い間、コンセントを探し回らないで済むようになるというわけである。

さらに、半導体チップメーカーや、半導体製造受託企業(ファウンドリー)にとっては、コスト削減の利点は大きい。トランジスタは「シリコンウエハー」と呼ばれる円板に形成

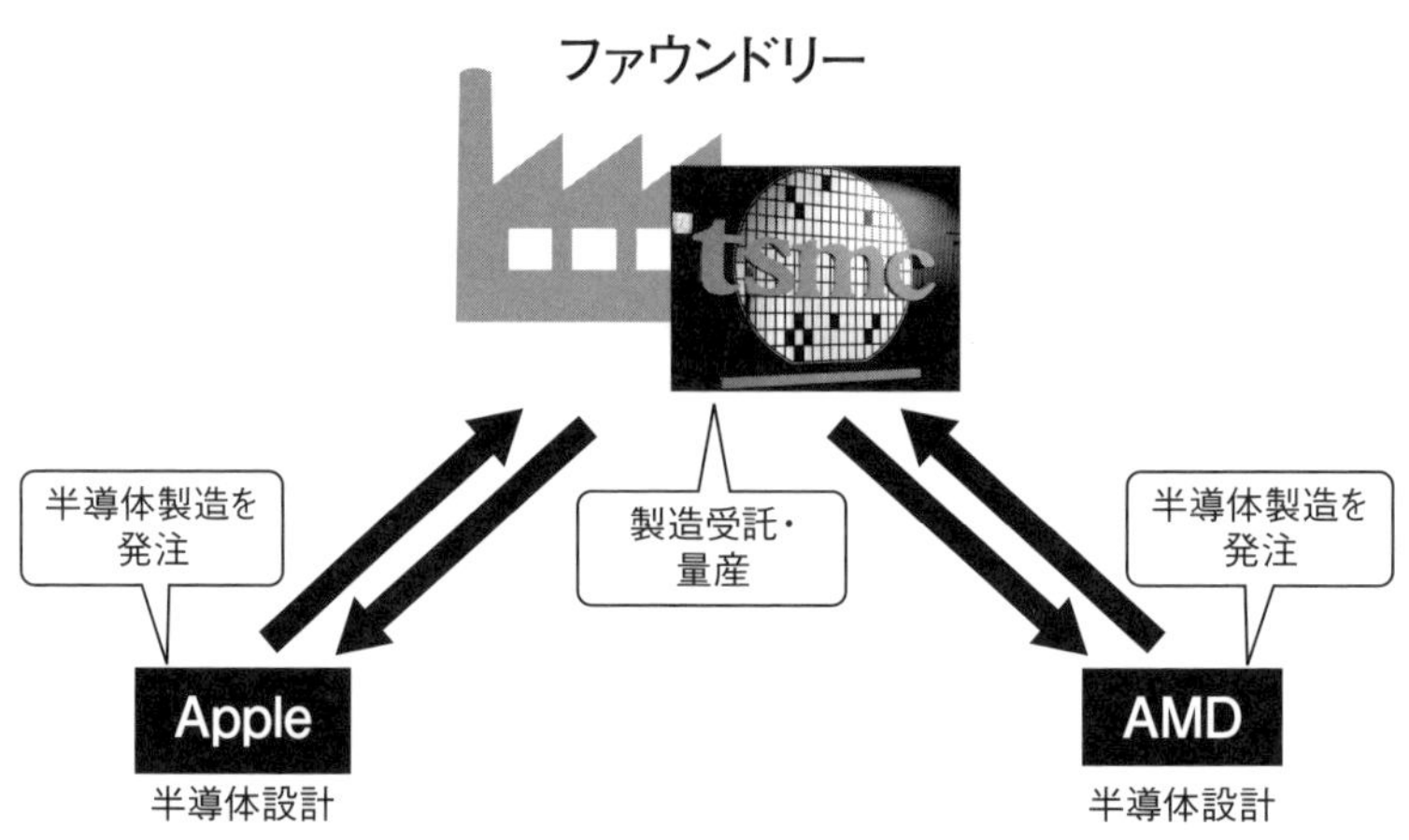

ファウンドリーの仕組み。半導体の製造のみに特化し、さまざまな企業が設計したチップを受託製造する（出所＝日経クロステック）

する。1枚のウエハーにより多くのトランジスタを載せられれば、トランジスタ1個を作るのにかかる値段はその分少なくなる。

このように「いいこと尽くし」であることから、これまで世界中で半導体の微細化に向けて競ってきた。ところが、ここで問題が生じる。ウイルスよりも小さなトランジスタの集合体である最先端半導体は、世界でも限られた企業しか作れない。しかも、その製造に関わる装置や材料、ソフトウエアは、さまざまな国の企業が担っており、一国では賄えないのだ。

米国のある半導体メーカーがスマホ内蔵の半導体チップを製造する場合を想定してみよう。

まずは電気の通り道である回路の設計だ。電気信号をつかさどるトランジスタ同士をつなぎ、機能に応じた回路を造り上げる。

ただ、半導体チップの回路を一から設計するには時間がかなりかかる。そこで、半導体メーカーはＩＰと呼ばれる既存の設計データを利用する。この購入先の1つが、ソフトバンクグループ傘下の英アームである。IPなどを使いながら回路設計を進める際には、電子設計自動化(EDA)ツールが欠かせない。この分野のシェアは米国企業が握る。

回路が設計できたら、いよいよ実物の製造に取り掛かる。必要になるのは高純度のシリコンの結晶の円板であるシリコンウエハーだ。この製造は日本企業が得意とする。

ウエハーは日本から台湾に送られる。輸送先は、半導体メーカーに製造を委託されたファウンドリーと呼ばれる分野の企業である。ファウンドリーは、ウエハーの上にトランジスタを製造し、配線までを担う。いわゆる半導体製造の前工程であり、ここが「微細化の中心地」となる。

微細化がここまで進んでいなかった時代には、企業は自らの工程に集中していれば問題がなかった。だが、数ナノメートルレベルとなると話が変わってくる。ファウンドリーは依頼主である半導体メーカーだけでなく、IPコアベンダーやEDAベンダーと協調して開発を進めることが必須になってきている。

半導体の製造に必要な装置も、微細化に合わせて発展を続けてきた。強みを見せるのは日本や米国、欧州(オランダ)といった国々だ。これらの国の限られた企業が提供する装置がなければ、先端プロセスの半導体は作れない。

無数のトランジスタが形成されたウエハーは、台湾や中国にある工場に渡される。OSAT(後工程受託製造)と呼ばれる企業の工場である。1つひとつの半導体チップに切り分け（ダイシング）、パッケージ（樹脂で封止）する。検査工程を経て、とうとう半導体チップが完成する。

半導体はなぜ重要か

省略した過程も多いが、ユーザーの手に渡るまでにかなりの国・地域が関わっていることがお分かりいただけたかと思う。実は、先の半導体不足はこうした世界的なサプライチェーン（部品供給網）の混乱が原因だった。新型コロナウイルス禍での工場閉鎖や工場火災などが世界的に連鎖し、結果的に「給湯器が交換できない……」という事態が起こってしまった。

半導体、特に先端半導体は、各国・地域が協力しなければ作れない。だが、政治的思惑が渦巻くこの世界では、極めて難しい問題が絡む。「誰が先端半導体を作るのか」、「誰が先端半導体を確保するのか」。先端半導体を造るためには、膨大な試行錯誤によって得られたノウハウと、国家予算に匹敵するような数兆円規模の投資が必要で、それが担える企業が限られている。製造能力にも限りがあるため、誰でも先端半導体を設計し、製造を委託できる状態にはない。これらの問題は戦争や貿易摩擦と密接につながり、地政学的背景も重なる状況になっている。

昨今、米国は中国やロシアに先端半導体製品や、その製造技術が流出しないように動いている。半導体の用途は、バイデン氏が言及したようなクルマやスマホばかりではない。自律ミサイルのような先端兵器にも使われるからだ。

世界情勢という意味では、ロシアによるウクライナ侵攻が「半導体戦争」ともいえる様相を帯びている。戦場を見渡せば、空では軍用ドローンが自律運航しながら飛び回り、自律運航ミサイルがセンサーで捉えた標的めがけて飛んでいく。陸では諜報(ちょうほう)用途の車載シギントシステム[*1]や、自動運転の通信妨害ステーションが駆け巡る。これらの頭脳を担うのが先端半導体だ。半導体は、今や戦況を覆す可能性を持つ。

*1 シギントシステムは通信、電磁波、信号などの傍受による諜報システムのこと。SIGINT（シギント）はSignal Intelligenceの略である。

先端半導体の製造に必要な工程や装置のいくつかは限られた企業が握っている。米国企業もあるが、日本や欧州、台湾、韓国がその多くを占める。この5つの国・地域に中国を加えたメンバーは「半導体6極」と言える。なお、ロシアは半導体製造に使う希金属（レアメタル）や希ガスの主要生産地の1つではあるが、ここには含まれていない。半導体供給能力が低く、先端半導体に関わる技術は持たないからだ。

対する中国は、半導体の製造でも存在感を示す国家である。先端半導体を製造できるファウンドリーや半導体メーカーがある。ファーウェイのような通信機器メーカーは、5G（第

5世代移動通信システム）分野で存在感を示す。半導体の性能が勝敗を分ける重要な要素となった軍事面でも、米国をしのごうと力をつけてきている。米国としても危機感を覚えずにはいられない。

そこで米国は2018年ごろ、ドナルド・トランプ政権の頃から本格的に動き始めた。まず、米国が関わる先端半導体の製造装置や部品に規制をかけ、中国企業に渡らないようにした。次に2023年1月、この規制に加わるように日本やオランダに持ちかけ、両国が同意した。米国は同盟・同志地域のみで構成する新たなサプライチェーンを構築する狙いである。日本やオランダとしてはこのサプライチェーンに参画することで、先端半導体の製造で存在感を示し続けたい考えがあるのだろう。

ここで、冒頭の新会社設立につながってくる。誰が先端半導体を作るのか、誰が先端半導体を確保するのか。半導体製造の中核を担うファウンドリーがあるのは、現状では台湾や韓国といった土地である。だが、中国との物理的な位置や、政治的な関係を考えると両国には地政学的リスクがある。

新会社ラピダス（英語表記：Rapidus、東京・千代田）は最先端の2ナノメートル世代の半導体を製造する。世界でも限られたファウンドリーの一社として、その最前線に立つ使命を帯びる。後ろ盾になるのは日本政府。その裏には、日本を使って自らのビジネスを拡大したいＩＢＭや、中国の封じ込めをもくろむ米国政府がいる。

日本政府の目標の1つは「半導体復権」である。日本は1980年代、世界の半導体業界のトップに君臨していた。半導体製造基盤を国内につくることで、日本の産業を再び盛り上げたいと考えているのだ。

米国は、新しい自前の半導体サプライチェーンをつくることで、GAFAM（グーグル、アップル、メタ（旧フェイスブック）、アマゾン・ドット・コム、マイクロソフトから成る巨大IT企業群）をはじめとする自国のあらゆる産業をいっそう発展させたい考えだ。さらに、自国の軍事強化につなげる一方で、中国やロシアの「軍事の現代化」は阻止していく。

日本はこの新しい半導体サプライチェーンや米国側の思惑をうまく活用し、半導体復権を実現できるだろうか。かつての半導体戦略は、ことごとく失敗してきている。今、過去の失敗を教訓にしながら、再びの栄光を取り戻さなければならない。

まずはラピダスの設立会見にいま一度戻り、その内容を見ていこう。

参考文献

1 "Remarks by President Biden at Signing of an Executive Order on Supply Chains,"THE WHITE HOUSE Briefing Room, Feb. 24, 2021. https://www.whitehouse.gov/briefing-room/speeches-remarks/2021/02/24/remarks-by-president-biden-at-signing-of-an-executive-order-on-supply-chains/

2 「ＩＢＭ、世界初の２ｎｍのチップ・テクノロジーを発表し、半導体における道の領域を開拓」、日本ＩＢＭニュースリリース、２０２１年5月7日。https://jp.newsroom.ibm.com/2021-05-07-IBM-unveils-worlds-first-2-nm-chip-technology-pioneering-unknown-territory-in-semiconductors

1 ラピダス、始動

２０２２年11月11日、午後4時。東京・虎ノ門にあるビルの一室。ずらりと集まった記者たちは、声の主の発言を聞き逃すまいと、音も立てずに待っていた。

「テーマは日米連携に基づく、2ナノメートル世代の半導体と、速く造る製造技術の研究開発であります」。壇上に立ったラピダスの小池淳義社長はまずこう述べた。同社は２０２２年8月に新たに設立された半導体製造会社。その発言とともにカメラのフラッシュがたかれ、記者たちは一斉にパソコンのキーボードをたたき始めた。

この日、初めて公となった新会社ラピダスは、日本半導体復権のけん引役となるべくして生まれた。その使命は、日本国内で最先端半導体を量産し、過去30年の遅れを取り戻すことである。２０２７年の実現を目指す。

設立から5年後に量産開始――。

字面から受ける印象以上に、その目標の達成は難しい。日本が世界において半導体製造の最先端にいた30年前は、もはや遠い昔。人も製造のノウハウも、日本にはほとんど残っていない。

そこで、日本政府が資金援助も含めてラピダスを全面的にバックアップし、米アイ・ビー・エム（ＩＢＭ）からノウハウを導入するのだという。しかし、ＩＢＭは量産技術を持たないため、その技術をどこかから導入する必要がある。たとえ量産にたどり着けても、そこから先がさらに重要である。成功と失敗の分かれ目は、収益を上げられる会社になれるのかどうかだ。量産はできたが、「適正価格でモノを買ってくれるお客はいなかった」では未来がない。世界中で争奪戦が繰り広げられる半導体人材の確保も頭の痛い問題だ。果たして、あと5年でこうした課題をクリアできるのだろうか。

青天の霹靂

「このニュース、何だ?」

記者の元に情報が舞い降りたのは11月10日のこと。会社設立会見の前日である。同僚記者が社内チャットに貼った日本経済新聞の速報記事を見て、日経クロステック編集部は沸いた。

「トヨタやNTTが出資　次世代半導体で新会社、国内生産へ」[1]

次世代半導体の新会社を設立。トヨタ自動車やNTT、ソニーグループ、ソフトバンク、デンソー、キオクシア、日本電気(NEC)、三菱UFJ銀行といった日本を代表する企業が出資する――。突然現れた大きなニュースだ。恐らく最初に報じたのはテレビ東京。それを日経新聞が追い、NHKも報じた。その後、さまざまなメディアが一斉に報じ始めた。日本産業のトップリーダーらが半導体に一丸となって巨額投資するのであれば、日

定例会見でラピダスを発表する西村康稔・経済産業大臣(撮影=日経クロステック)

本の半導体業界を変えるほどのインパクトがあるからだ。

「明日、新会社の正式発表があるらしい」

編集部員が出資企業への裏取りをしたところ、こんな話が得られた。噂は真実だったのだ。

一方で、編集部では困惑の声もあった。「今さら先端半導体の製造会社を日本につくるなんてどうかしている。各社の報道は少し飛ばし気味では……」。こう分析する年配の記者もいた。

いずれにせよ、真偽を知るには、当事者の話を聞くしかない。筆者の元にはさっそく、翌日開催される2つの会見の情報が舞い込んできた。まず、ラピダスの設立会見。そして、その前にある経済産業大臣の定例会見である。

そして翌日。この日の朝の定例会見では、大臣からラピダス設立についての発表が行われるのではな

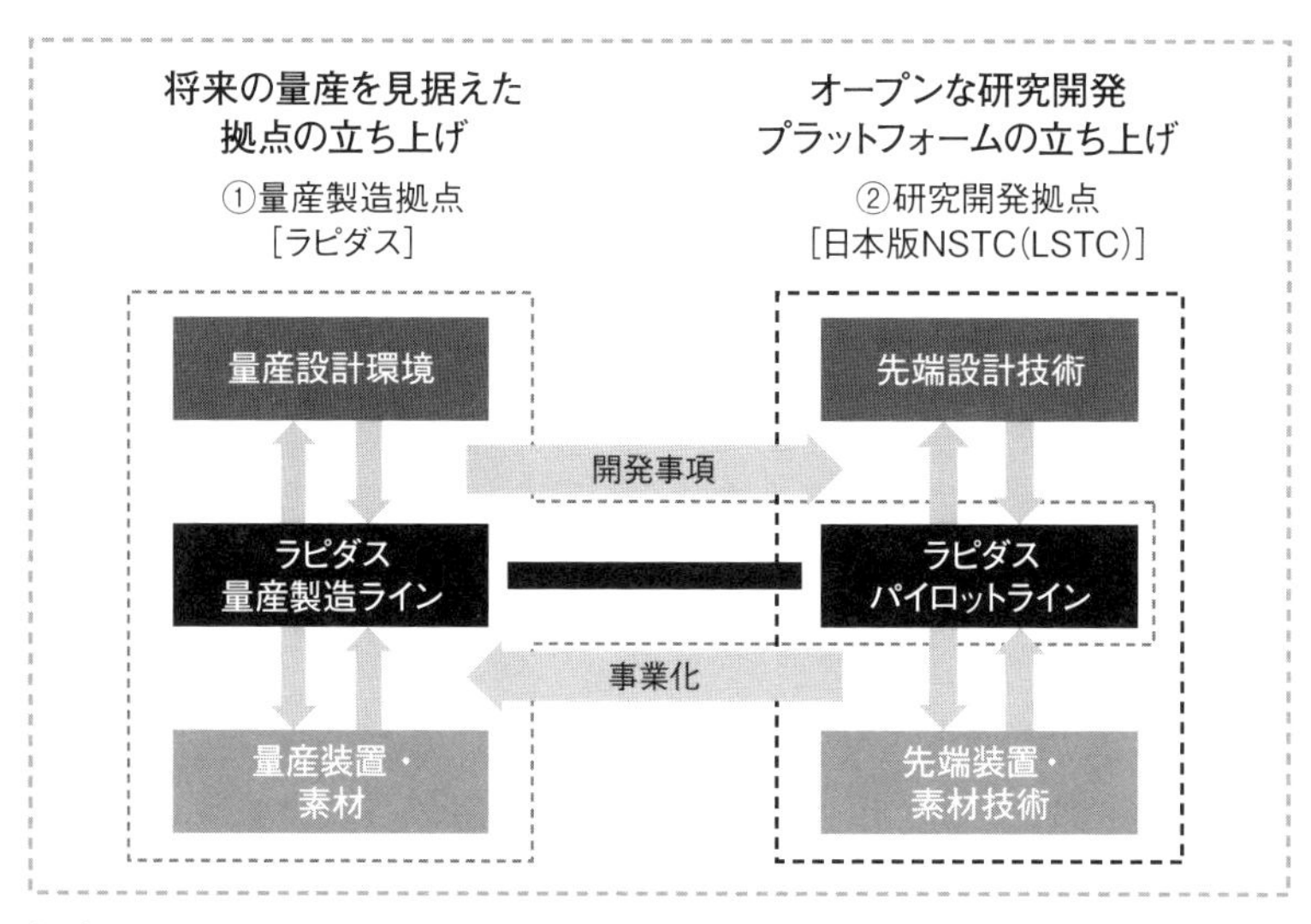

経産省が示したラピダスとLSTCの関係図(出所＝経産省の図を基に日経クロステックが作製)

いかと噂されていた。その可能性を見込み、筆者も霞が関に向かう。その噂が事実であることは、開始早々に判明した。

「半導体製造基盤の確立に向けた研究開発予算、700億円の採択先をラピダス株式会社とすることにいたしました」

午前9時13分。西村康稔・経済産業大臣は定刻から少し遅れて到着すると、淡々と公表文を読み上げた。会場にいる十人余りの記者たちは、「よし来た」とばかりに、興奮気味にキーボードをたたく。噂と大臣公表では雲泥の差がある。ビッグニュースを一言も漏らすまい、という気迫が記者会見場に広がっていた。

ただ、20分にも満たない大臣会見で明かされるのは全体の一端である。明らかになったのはこういうことだ。

新企業ラピダスに対して、日本政府が700億円という決して安くない予算を投じる。加えて、最先端半導体の研究開発機関であるLSTC（技術研究組合最先端半導体技術センター）を設置。LSTCで研究開発、ラピダスで量産という両輪で最先端半導体を量産する。

会見の終わり、その場で記者たちに会社会見の案内が配られた。このラピダス設立会見が「本番」というわけだ。

トップは対照的な2人

午後4時、虎ノ門。会見にその日の主役が現れた。日本半導体のこれからを担う2人、ラピダスの代表取締役社長に就任した小池氏と、取締役会長に就いた東哲郎氏である。どちらも70代前半と年齢は近い。しかし、受ける印象は対照的である。壇上で語る小池社長は余裕ある笑顔をたたえ、古希を迎えたばかりとは思えない若々しさがある。

小池社長を傍らの席で見守る東会長は、小池社長の2、3歳年上で、どっしりとした風格を感じる。会見でも口数は少なく、重鎮という言葉がふさわしい。

実はこの2人、業界では既に知られた人物だ。小池社長はかつて半導体の世界的リーダーだった日立製作所の出身。生え抜きの半導体技術者であり、その後、経営者に転じている。対する東会長は半導体分野の「ドン」のような存在。半導体装置の世界トップ企業の一社である東京エレクトロンの元会長・社長であり、半導体のオープンイノベーション研究拠点TIAで運営最高会議議長を務める＊1。

＊1　2023年3月末で同職を退任。

小池社長は、日本の半導体戦略に並々ならぬ思いがある。かつてラピダスのように「半導体復権の旗振り役」に抜てきされ、実質的な失敗に終わった経歴を持つからだ。「小池社長にとってのラピダス」を理解するには、まずこの歴史を振り返る必要がある。

小池社長は早稲田大学大学院理工学研究科を修了した後、1978年に日立製作所に入社し、半導体事業部に配属された[2]。最終的には半導体グループの生産技術本部長にまで昇進。つまり、筋金入りの半導体技術者である。

小池社長は2000年、日立製作所と台湾ファウンドリー大手UMCが合弁して設立した会社で取締役社長に就いた。会社の命名もした。ラテン語で「300」を意

ラピダス設立記者会見での小池淳義社長（左）と東哲郎会長（右）（撮影＝日経クロステック）

シリコンウエハー。円板の上に四角形の同じパターンが繰り返し見える。この1つ1つがチップである（出所＝IBM）

味するトレセンティテクノロジーズ（トレセンティ）である。

半導体チップは、シリコンの結晶の塊である円板、「シリコンウエハー」の上に碁盤の目のように多数形成する。ウエハーは洋菓子のウエハースに似た見た目だ。実際、その語源は同じという。このウエハーに、シリコン以外の物質を染み込ませたり、溝を掘って、そこを別の物質で埋めたりして、トランジスタや回路を形成する。最終的に切り分けると半導体チップができあがる。

ウエハーは大口径であるほど、コスト面で利点がある。同じ大きさのチップなら、1枚のウエハー上により多く作れるからだ。結果的にトランジスタ1個当たりにかかるコストを下げられる。

トレセンティ（300）が意味するのは、直径300ミリメートルのウエハーである。現在では主流のサイズだが、当時は200ミリから300ミリへの転換期だった。トレセンティはこの300ミリウエハーを使い、半導体を素早く製造することを特徴としていた。

小池社長が日立に入社して間もない1980年代は、日本半導体の黄金期である。世界の半導体出荷額の半分を占め、ICを発明した米国の追随さえも許さなかった[3]。ただ、没落も早かった。おおよそ10年後の1990年代、米国や韓国に追い抜かれて一気にシェアを落としたからである。1998年には約26％に落ち、2021年には約8％にまで下がっている[4]。

1990年代から現在に至るまで、経済産業省の旗振りで数多くの半導体戦略が練られた。2000年ごろに期待視されていたのが、小池社長の率いるトレセンティである。

半導体の世代を表すプロセスノード（回路幅、もしくは「ゲート」の長さ）は、基本的に数字が小さいほど、より先端であることを意味する。現在の最先端は3～5ナノメートル世代*2だが、当時はより回路幅が大きく、90ナノメートル世代が先端だった。この最先端半導体を製造するため、各社が一丸になって開発・量産しようという計画である[5][6]。

*2 実際には、微細化が進むにつれて「2ナノメートル」のようなサイズ名と回路幅は一致しなくなってきている。最先端半導体では、世代名を表す程度の意味しか持たない。

まず、日本の大手半導体メーカー11社が協力しながら半導体チップを設計・製造する。開発した技術は「マスタ・ファブ」と呼ばれる工場に移管し、大量生産を担う。日本を代表するファウンドリーとして、世界中の顧客から半導体を受注する存在を狙う。トレセンティは、このマスタ・ファブの筆頭候補だったのである。

ところが、この計画は結果的に頓挫した。11社の連携が取れず、各社が他社を出し抜くように90ナノメートル世代を自前開発しだしたからだ。

決定打となったのは、トレセンティの実質的な消滅である。2003年、日立と三菱電機は半導体分野を切り出し、新会社ルネサス テクノロジ（ルネサス、現・ルネサス エレクトロニクス）を設立した。トレセンティがルネサスに吸収統合されたことで、この計画は潰えた。「トレセンティを独立させて日本のファウンドリーの中心にしようと活動したが失敗に終わった」。小池社長は後年、悔しさをにじませるようにこう記している[7]。

ラピダスとトレセンティは、似通った要素が多い。社名の命名者は共に小池社長で、ラテン語に由来する。また、約20年間という時間の開きはあるものの、共に日本政府の半導体戦略の最前線に立ち、「復権の旗振り役」という期待を一身に受ける。しかも、両社とも会社の目標は、最先端半導体の迅速な量産である。

「なぜトレセンティは失敗したのか」。20年の間、小池社長は頭の中で繰り返し自らに問うてきたに違いない。日立の経営方針の転換。日本政府のおぼつかない先導による、マスタ・ファブ構想の崩落、トレセンティ自体の経営戦略の失敗。半導体市場環境の変化など、あらがいようのない要因もあっただろう。いずれにせよ、ラピダスの設立は、小池社長にとって雪辱を果たす絶好の機会だ。

もう1人の主役、東会長はどうか。小池社長が技術の王道を進み続けてきたのに対して、東会長は純経営者的な人物である。東京に生まれ、父親は中国史の大学教授という家庭だった。国際基督教大学（ＩＣＵ）で経済を専攻し、１９７７年に東京エレクトロンに入社した[8]。

現在では、同社は半導体装置メーカーで世界第3位である（２０２１年時点、カナダ・テックインサイツ調べ）。年商2兆円、世界77拠点で約1万６０００人の社員が従事する。だが、東会長の入社当時、年商２００億円、社員は２００人にすぎなかった。

日本の半導体黄金期に重なるように、東京エレクトロンは急成長。１９８９年には、半導体装置メーカーで世界一に躍り出た[9]。

東会長は一時、米国シリコンバレーに駐在し、日米の橋渡し役として活躍した。セールス担当としての実績を積んだ後、１９９５年に46歳という若さで社長に抜てきされた。東京エレクトロンのグローバル化の立役者として活躍し、２０１９年まで会社経営に携わった。

このような経歴から、経産省の半導体戦略を決める「半導体・デジタル産業戦略検討会議」では座長を務めた。まさしく日本半導体業界のドンである。

野望とリベンジに燃える小池社長と、業界の重鎮としてそれを支える東会長。共に日本半導体の黄金期と没落を経験した、業界の現役としては最後の世代といえる。

国策ファウンドリー誕生

ラピダスなる企業が生まれるに至った理由。そこには、「産業育成」という経産省の並々ならぬ思いがある。ラピダスを一言で表せば「国策ファウンドリー」である。経産省は「国策」を否定し、ラピダスはあくまで日本政府の支援を受ける「民間企業」であるとしている。だが、国の半導体復権への目的を遂行するため設立されたことを考えると、実質的には国策企業といえる。

実は日本には長い間、半導体製造を専門とするファウンドリーがほぼ不在だった。結果として世界の半導体製造市場では、日本の存在感はないに等しかった。

ファウンドリーは、例えば米アップルのような端末メーカーから半導体チップの製造を受託する企業である。同社は「iPhone」やノートパソコン「MacBook」の基礎を成す半導体チップの設計は自社で行うものの、その製造はファウンドリーに委託している。最先端の半導体チップは巨大な投資と長年にわたって蓄積したノウハウがなければ、製造できないからだ。商品の売れ行きによって、その調達数が大きく変動する半導体チップの製造工場を自社内に抱え込むのはリスクが高すぎる。アップルのみならず、米アドバンスト・マイクロ・デバイスズ（AMD）や、米エヌビディア、米クアルコムといった半導体業界の巨人たちも、半導体チップの製造をファウンドリーに依存している。つまりファウンドリーは、最先端半導体の研究・開発を担い、それを供給する要となる存在である。

日本は落ちぶれたとはいえ、世界の半導体業界ではいまだに重要な位置を占める。2021年時点の半導体生産能力では、世界4位となる15%を持つ（米ノメタリサーチ調べ）[10]。韓国（同23%）、台湾（同21%）、中国（同16%）、米国（アメリカ大陸全域での同11%）、欧州（同5%）に食い込む「半導体6極」の一角である。最先端の半導体チップのファウンドリー事業を手掛ける会社としては、米国にはインテル、韓国にはサムスン電子がある。台湾にはもちろん、TSMC（台湾積体電路製造）がある。中国にもSMIC（中芯国際集成電路製造）というファウンドリー企業があり、台米韓の企業に追いつくべく能力増強に力を注ぐ。欧州には目立ったファウンドリーはないが、6極の中でも半導体生産能力が5%と大幅に低い。

日本が現在でも15%のシェアを持つのは、半導体メモリー製品によるところが大きい。データを処理するためのロジック半導体については、新陳代謝が進んでいない。最先端でも40ナノメートル世代と古いままだ。

人工知能（AI）や自動運転などの高度化は加速している。今後いっそう新しい世代の技術で造られたロジック半導体が必要とされることを考えれば、日本にファウンドリーがない状態は、半導体製造の分野で先細っていくことを意味している。

先述のマスタ・ファブ構想のように、これまでも日本にファウンドリーをつくろうという動きはあった。だが、結果としては度重なる失敗を経て今に至る。経産省は、これまでの反省を生かし、さらに新たな追い風が吹かなければ成功はつかめない。

ラピダスの公式サイトには、事業内容についてこう記述がある[11]。

- 半導体素子、集積回路等の電子部品の研究、開発、設計、製造及び販売
- 環境に配慮した省エネルギーの半導体及び半導体製造技術の研究、開発
- 半導体産業を担う人材の育成・開発

つまり、ラピダス、およびその背後にいる経産省が描く絵はこうだ。同社は2ナノメートル世代の半導体の研究開発から設計、製造までを担う。加えてラピダス自体が受け皿となり、世界中から半導体技術者を集める。国内のエンジニアは世界の最先端技術や第一線のエンジニアと関わることで、人材不足が深刻な半導体業界の将来につなげる。

2ナノメートル世代は、まだ世界でも量産が始まっていないほどの最先端技術である。TSMCは、同世代の半導体「N2」を2025年に量産開始するとしている[12]。サムスン電子やインテルも、まだ、量産にはこぎつけていない。

これまでの半導体戦略との違いの1つは、人材について考慮されている点である。1980年代の黄金期を過ぎて、日本の半導体人材へのニーズは急速にしぼんだ。「転職先が見つからない」「半導体からは足を洗いたい」。半導体技術者が、次の就職先を探して路頭に迷う問題が深刻化したのは、2010年代と遠い昔ではない。かつて半導体立国を担った若者が、50代になって業界のお荷物になってしまったのである[13]。自らの子供に「半

導体業界に就職するのはやめておけ」と口酸っぱく伝えるのも無理もない話だ。こうして今、半導体人材は明確に足りず、先端のノウハウもない。人材確保は急務といえる。

ではは日本にどうやって最先端半導体を持ち込むのか。ラピダスの量産に向けたロードマップはこうだ。2ナノメートル世代の研究開発は、新研究機関LSTCと協業する。LSTCは、産官学連携のためのバーチャルな組織で、全国の大学や国の研究機関などが参加する。ここに、IBMやベルギーの半導体研究機関であるimec、同じく新設された米研究機関NSTC（ナショナル・セミコンダクター・テクノロジー・センター）と連携する。ラピダスはLSTCと協力して半導体のパイロット（試作）ラインを稼働。これを事業化し、ラピダスの量産ラインとする。

ラピダス設立発表の前日時点の報道では、トヨタやNTT、ソニーグループのような大企業が同社を全面的に支えるような見方があった。ただ、実態は少し異なるようだ。日本政府（正確には国立研究開発法人のNEDO）が700億円拠出するのに対し、民間企業計8社は3〜10億円と見劣りする[*3]。トヨタは自動運転、NTTは通信向けの半導体ユーザーとして、経産省から出資を持ち掛けられた。設立時点ではお付き合い的な民間企業も多く、ラピダスへの意欲は各社異なる。「経産省の指揮の下、先端半導体の製造基盤を確立する会社」という方が正確だろう。

＊3　2023年4月、経産省はラピダスの工場建設などに対して、新たに2600億円を補助することを発表した。

ラピダスの設立に透ける米国の影

ラピダスの設立会見で、小池社長はこう語った。

「数年前から、この事業をしっかりと育成するという計画を練っておりました。そのために創業個人株主12名がこの会社を設立いたしました」

ラピダスは小池社長と東会長が経営株主となり、半導体の専門家集団である12人と合わせて設立に至った。8社がこうした動きに賛同し、出資したと話した。

説明を受けつつ、会場には幾多の疑問が渦巻いていた。「なぜ最先端の2ナノメートル世代なのか」。この疑問はその第1だっただろう。日本にはそもそも、先端半導体を必要とするハードウエアを手掛ける会社が極めて少ない。現状の主な使い道はスマートフォン（スマホ）だが、日本にはアップルやサムスン電子のような圧倒的シェアを持つメーカーがないからだ。宝の持ち腐れになる可能性がある。

日本にはもはやGAFAM（グーグル、アップル、メタ（旧フェイスブック）、アマゾン・ドット・コム、マイクロソフトから成る巨大IT企業群）と比肩できる会社は存在しない。ファウンドリーの主要顧客は彼らのような巨大テクノロジー企業であり、新たにそのパイを横取りするのは難易度が高い。

「そもそも日本にユーザーはいるのでしょうか」
ある記者がたまらず質問を投げかけると、東会長はこう答えた。
「世界的に2ナノメートル世代が実用化するのは2025年ごろ。その頃には、国内でもクラウドコンピューティングや自動運転などでニーズが出てくるはずです」

この回答では、記者陣は納得しなかった。世界中のファウンドリーによる陣取り合戦に、新参者のラピダスがどうして勝てるのか。その根拠が示されていなかった。

ユーザーは十分いるのかという問題については、原稿執筆時点でも明確な答えは出ていない。しかし、なぜ2ナノメートルなのかは、明確な理由がある。

2ナノメートル世代半導体の量産には、日米が連携する。ラピダスの設立には、米国政府が深く関わっているからだ。米国としては、台湾有事への備えが欲しい。台湾は10ナノメートル世代以降のいわゆる「先端半導体」の量産において、世界の約9割を占める。だが、中国による台湾包囲の可能性は、日々高まり続けている。台湾に代わる選択肢が、すなわち日本である。ファウンドリーとして世界2位のサムスン電子を擁する韓国も選択肢になり得るが、北朝鮮との有事の可能性や、中国と米国をてんびんにかけるような政治的な姿勢から、選ぶのは難しい。そんな中で、日本は地政学的リスクが比較的低く、政治的にも米国との関係が深く、半導体6極の一国でもある。米国としては、日本に最先端の、つまり2ナノメートル以降の製造基盤が整ってほしいという考えがある。

日本はどうやって先端半導体の製造・量産ノウハウを獲得するのか。ＩＢＭがその解だ。ＩＢＭが、ラピダスに先端半導体の製造ノウハウを提供する。ラピダスはＩＢＭのような海外企業やｉｍｅｃのような研究機関に自社のエンジニアを派遣し、ノウハウを獲得した後日本に戻ってくる。いわば「半導体の岩倉使節団」である。

ラピダスは一本の電話から始まった

そもそも、ラピダスの始まりはＩＢＭの申し出からだった。

「2ナノメートル世代の技術を提供したい」

設立から3年前となる２０１９年半ばのことだった。そこから日本では受け入れ先をどうするかという議論が持ち上がり、新企業設立に至ったという経緯がある。

ＩＢＭにとっては、日本にノウハウを提供する主に2つの理由がある。自社の製品向けのファウンドリーが欲しいというのが1つ。ノウハウ提供によって得られる、金銭面というビジネスメリットがもう1つである。

ＩＢＭは中央集権的な巨大なコンピューターに始まり、大型コンピューターであるメインフレームや、１９８０年代に爆発的流行を巻き起こした初期のパソコン「ＩＢＭ ＰＣ」を世に送り出した。現在はＡＩ「ワトソン」、商用量子コンピューター「クアンタム・システム・ワン」などが会社の看板になっている。

ＩＢＭは１００年以上、テクノロジー業界の技術進歩をけん引してきた。半導体の研究開発においてもいまだに世界の最前線にいる。２ナノメートル世代の半導体では、２０２１年５月に世界に先駆けて試験チップの作成に成功したと発表した。

ただし、ＩＢＭは半導体の量産からは手を引き、今は手掛けていない。開発と量産には、実は異なる技術が必要になる。工場で量産された半導体のうち、一定の基準を満たす良品の割合を「歩留まり率」という。この歩留まり率の向上に、独自のノウハウが求められるからである。

ＩＢＭの現在の立ち位置は、研究開発はするものの、大量量産はファウンドリーに委託するというもの。あるいは、ファウンドリー事業を手掛けるサムスン電子やインテルと提携し、先端半導体のノウハウを提供する。

つまり、日本のような地政学的リスクの低い同盟国に、ＩＢＭ向けのファウンドリーがあれば自社にとって都合が良い。自動運転やＡＩ、クラウドコンピューティングの発展によって、世界のデータ量は今後爆発的に増加していく。ＩＢＭが手掛けるデータサーバーの需要も大幅に見込める。そこで、ＩＢＭの設計したチップを造ってくれる、関係の近いファウンドリーが必要になるというわけである。

ビジネスメリットも大きい。サムスン電子やインテルへのノウハウ提供も、決して安くはない金額がやりとりされるビジネスである。ラピダスとの提携では、日本側から「ＩＢＭに数千億円が渡される」（ある半導体業界関係者）と噂される。ＩＢＭにとっては既存のノウハウを伝授して対価が得られる「もうけ話」だ。

２ナノメートル技術を提供したい――。そう２０１９年にラピダス現会長の東氏に申し出たのは、ＩＢＭの最高技術責任者（ＣＴＯ）であるジョン・ケリー氏だった。東会長はこの直前まで、製造装置メーカーである東京エレクトロンの会長だった。同社と関係が深いとはいえ、装置メーカーでは半導体製造は担えない。

東会長から話を聞いた経産省幹部は、身を前に乗り出した。これまでできなかった半導体復権をついに果たせるかもしれない。さっそく、技術の受け入れ先探しに動き出した。だが、産業の反応は経産省の期待とは真逆のものだった。

まず白羽の矢を立てたのは、国内の半導体業界では第一線を行くルネサスである。ルネサスは設計から製造、量産までを手掛ける「ＩＤＭ（垂直統合型デバイスメーカー）」と呼ばれるビジネスモデルを採用している。１９８７年にファウンドリーが登場し、普及する以前からある方式だ。ＩＤＭ採用企業の代表例としてはインテルがある*4。

*4　インテルはパソコン向けプロセッサーでＩＤＭのモデルを採用してきたが、近年は他社からの製造委託も受けるファンドリー事業も積極的に行っている。ＩＤＭとファウンドリー事業の両方に注力するこのモデルを、「ＩＤＭ２・０」と同社は呼ぶ。

ルネサスの那珂工場（茨城県ひたちなか市）では、車載向けに40ナノメートル半導体を自社製造する[14]。国内の量産工場としては最先端だ。ただ、40ナノメートルより先の世代の半導体製造はファウンドリーに委託する方針を採っており、経産省からの持ち掛けに対しては消極的だった。

同じくＩＤＭを採用する日本企業、キオクシアも首を縦に振らなかった。同社はスマホなどの記憶装置として活躍する半導体メモリーを製造する。

キオクシアはもともと、東芝の一事業から派生した会社である。その東芝（正確には子会社の東芝デバイス&ストレージ）も一候補だったが、経営が混乱していた。社長交代や他社による買収提案でごたついており、それどころではない状況だった。

他の大手企業もおおむね同様である。日本で先端半導体を手掛ける会社の多くは、ファウンドリーに委託して自社製造しない「ファブレス」と呼ばれるビジネスモデルを採用している。市況によって経営が大きく揺さぶられる状況を嫌がり、半導体部門を手放したり、切り捨てたりした過去があった。新たにファウンドリーを始めるモチベーションはこれらの企業にはない。話を持ちかけられた企業の経営者にしてみれば、そもそも量産化も、収益化のめども怪しい最先端ファウンドリー事業など、大やけどのもとにしか見えなかっただろう。

そこで持ち上がったのが、後にラピダスとなる新会社の設立である。この話を具体的に進めたのは、経産省の一室で開かれた会議の構成メンバーだった。官民合同で半導体や情報通信インフラの未来を議論する「半導体・デジタル産業戦略検討会議（半導体戦略会議）」

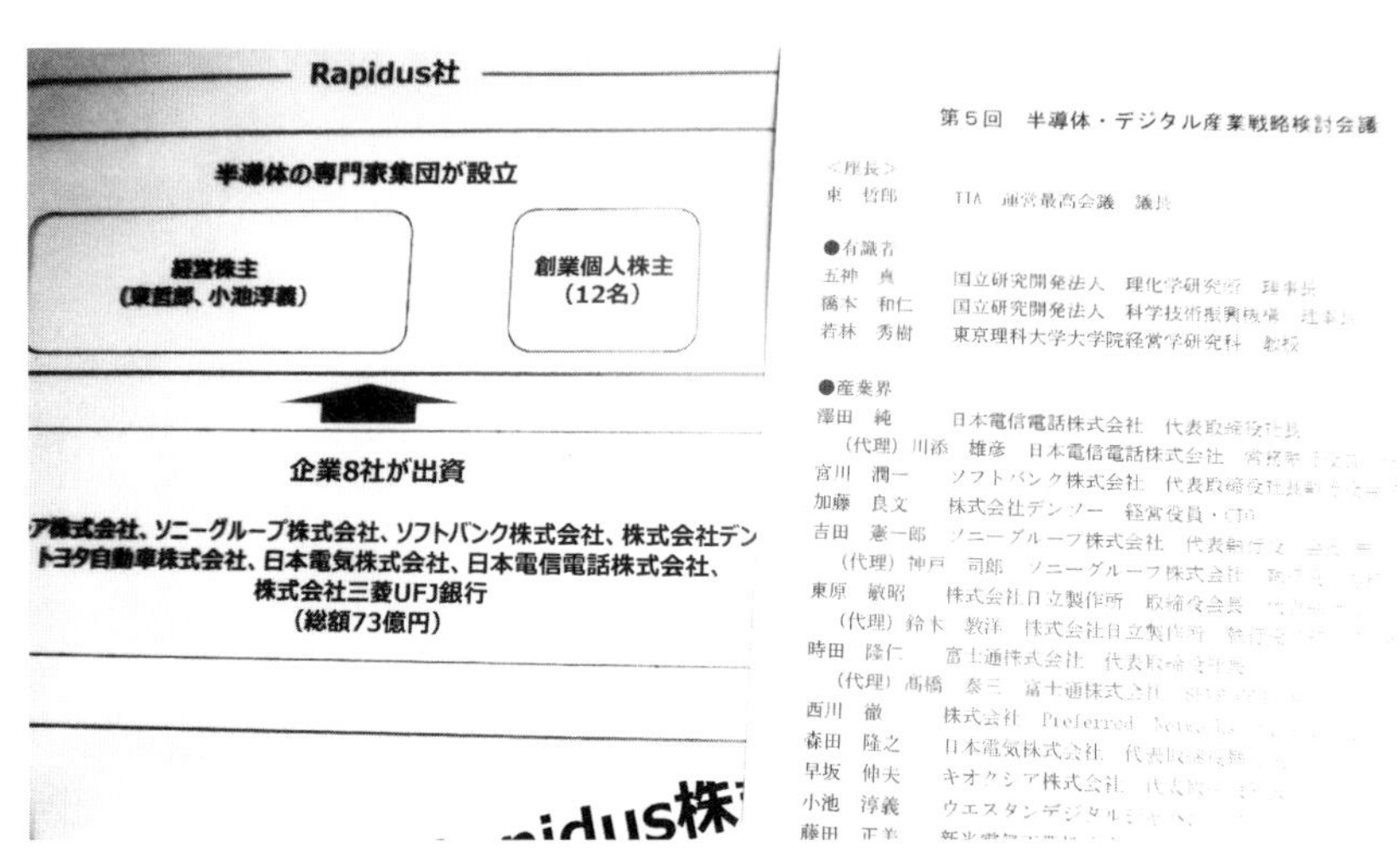

「半導体・デジタル産業戦略検討会議（半導体戦略会議）」第5回のメンバーを示す資料と、ラピダスの出資企業（撮影＝日経クロステック）

だ。2021年から不定期開催されている[15]。

この会議がラピダスを生み出したことは、構成メンバーを見れば一目瞭然だ。例えば、2022年4月に開かれた第5回を見てみよう。

まず、座長を務めるのがラピダスの東会長（当時の肩書はTIA運営最高会議議長）。有識者が3人いる。LSTCでアカデミア代表の五神真氏。同氏は、東京大学の元総長で、理化学研究所の理事長でもある。次に、科学技術振興機構（JST）理事長の橋本和仁氏。同機構は文部科学省から大学などへの助成金出資をつかさどる。最後に、東京理科大学大学院経営学研究科の教授である若林秀樹氏である。

産業界の構成メンバーはラピダスの出資社と重複する。NTTやソフトバンク、デンソー、ソニーグループ、キオクシア、NECといった会社の幹部だ。別日の会議ではトヨタ幹部も加わっており、日本IBM幹部の名前も目に付く。出資額が3億円と少ない三菱UFJ銀行を除けば、全てのメンバーが会議のレギュラー構成員である。

こうして、ラピダスは誕生した。青天の霹靂（へきれき）かに思えたラピダスの設立だが、実は水面下で数年にわたり計画されていたのである。ラピダスは、米国からの電話で始まり、業界を一回りした後に設立された会社だった。

「日米連携の機運が高まっていることが、これまでとの違いです」

ラピダス設立の記者会見において東会長はこう力説した。1980年代の日本の絶頂期に、その行く手を阻み続けた米国の態度がこれまでと180度異なっている。

米国の態度の変化は、2022年5月に日本政府との間で合意した「半導体協力基本原則」にも表れている。日本には、これまでも半導体復権に向けた意志があった。これらがきっかけとなり、本腰を入れ始めたというわけだ。

ラピダス設立会見は、約1時間に及んだ。終了の合図と同時に記者たちは駆け出した。俊敏な動きで小池社長と東会長の元に向かう。記者は手元でICレコーダーのスイッチを入れ、メモ帳を開く。たちまち部屋の前方では2つの山ができあがった。部屋の前方を埋め尽くす記者の山である。この光景は、筆者が見たことのないほどの熱をはらんでいた。はたから見れば、もはや両氏がいることすら視認できない。人だかりに何とか入り込むと、記者たちは早口にあふれる疑問をぶつけていた。

「ラピダスの競合他社としてTSMCのような巨大ファウンドリーがいます。どう戦いますか」(記者)

「小規模発注しかしない日本(の企業)は、TSMCにあまり相手にされません。新企業は日本のニーズを満たせるだけでなく、安く早く半導体を製造できるのが強みです」(東会長)

もう1つの山でも、記者たちが矢継ぎ早に問う。

「量産までには膨大なコストがかかりそうですが」(記者)

「計5兆円かかると見込んでいます。小規模ラインに2兆円、量産ラインには3兆円かかるでしょう」(小池社長)

10分ほどたった頃だろうか。ラピダス側のスタッフが人だかりに無理やりに割り込み、「もう終了です」と叫ぶ。小池社長と東会長を先導し、会場から去って行った。記者たちは最後まで質問を続けたが、まだ得られていない答えは多い。

記者たちの顔を見渡すと、釈然としない表情が並んでいた。「5兆円はどこから確保するのか」「本当に国内に先端半導体のニーズはあるのか」「製造ノウハウはIBMから獲得するとしても、量産ノウハウはどこから得るのか」「圧倒的に足りない人材はどうするか」……。

小池社長と東会長を取り囲む記者陣（撮影＝日経クロステック）

ラピダス、そして経産省はこれらの疑問を1つ1つ潰していき、量産にこぎつけなければならない。

ラピダスが行く道は険しい。だが、日本としてはどうしても今でなければいけない理由がある。ラピダス関係者や経産省が語るように、「これが日本にとってのラストチャンス」だからだ。

3つのラストチャンス

半導体復権が今でなければならない理由。それは、日本半導体にとって今、次の3つのラストチャンスが迫るからである。すなわち、「技術変革」「人材」「国内の危機」だ。

まず技術。「日本が改めて次世代半導体に参入するラストチャンス」。経産省が度々こう力を入れるのは、2つの技術的革新が起ころうとしているからである。

1つは今、トランジスタの構造が一変しようとしていること。もう1つは、「異種チップ集積（ヘテロジニアスインテグレーション）」という次世代技術が普及に向けてちょうど船出したことである。

トランジスタの微細化が進むにつれて、次第に現状の構造では対応ができなくなった。小さすぎるため制御が難しく、スイッチをオフ（絶縁）にしても電流が漏れる「リーク」が発生してしまうからである。この問題に対処するため、新たなトランジスタ構造がいくつか生まれている。

ラピダスが取り組むのは、「ＧＡＡ（ゲート・オール・アラウンド）ナノシート」と呼ばれる最先端の構造である。３ナノメートル世代以降の半導体での利用が見込まれている（本章末の別掲記事「ＦｉｎＦＥＴとＧＡＡ」を参照）。

３ナノメートル世代の半導体は、これからスマホなどで使われていく。iPhone 14 Pro/Pro Max搭載の半導体チップ（A16 Bionic）で使われているのも、5ナノメートル世代である。

このようにまさに今、トランジスタ構造が変革を迎えている。現世代（22ナノメートル世代以降）の「ＦｉｎＦＥＴ（フィンフェット）」構造からの転換だ。日本ではＦｉｎＦＥＴの量産には至らず、その手前のプレーナー型と呼ぶ構造で止まっている。

ラピダスはＦｉｎＦＥＴを抜かし、一足飛びにＧＡＡナノシートの量産技術を得ようと計画する。そうすることで、一気に30年の遅れをキャッチアップしようというわけだ。

「ＦｉｎＦＥＴの技術を経ずして、２ナノメートル世代のＧＡＡナノシートを造れるのかという不安が当初ありました。ですが、全く別物でキャッチアップできることが分かりました」。小池社長はこう不敵な笑みを見せる。

実はＦｉｎＦＥＴもＧＡＡも、いずれも日本が発明初期に関わっている。ＦｉｎＦＥＴ構造の開発は１９８９年、日立が世界で初めて成功した。ＧＡＡ構造の提唱も、１９８８年に東芝がしたものである。

ただ、量産はいずれも世界に後れを取った。半導体量産を手掛ける会社は次第に減っていき、ＦｉｎＦＥＴ構造の半導体量産には国内ではたどり着けなかった。ＧＡＡ構造は言わずもがなである。

異種チップ集積という新技術も実用化が進み始めた。

「従来と違うステージで、日本が半導体を制し、世界をリードします」。自民党前幹事長で半導体戦略推進議員連盟の会長である甘利明氏は、異種チップ集積についてこう意気込む。

異種チップ集積は、限界が見えてきた微細化を補完する技術として期待がある。数ナノメートル世代にまで達したことによって、微細化の競争はいつ限界を迎えるか分からない状況になっている。最先端のチップは製造コストが高い。そこで、異種チップ集積では１つのチップにトランジスタを詰め込むのではなく、超高速の処理が必要な部分は最先端のチップ、旧世代の技術で造っても問題ない機能は旧世代の技術で造ったチップという具合に造り分け、これを2次元的あるいは3次元的に貼り合わせる。こうすることで、全体的なコストを下げつつ、性能を犠牲にせずに済む。

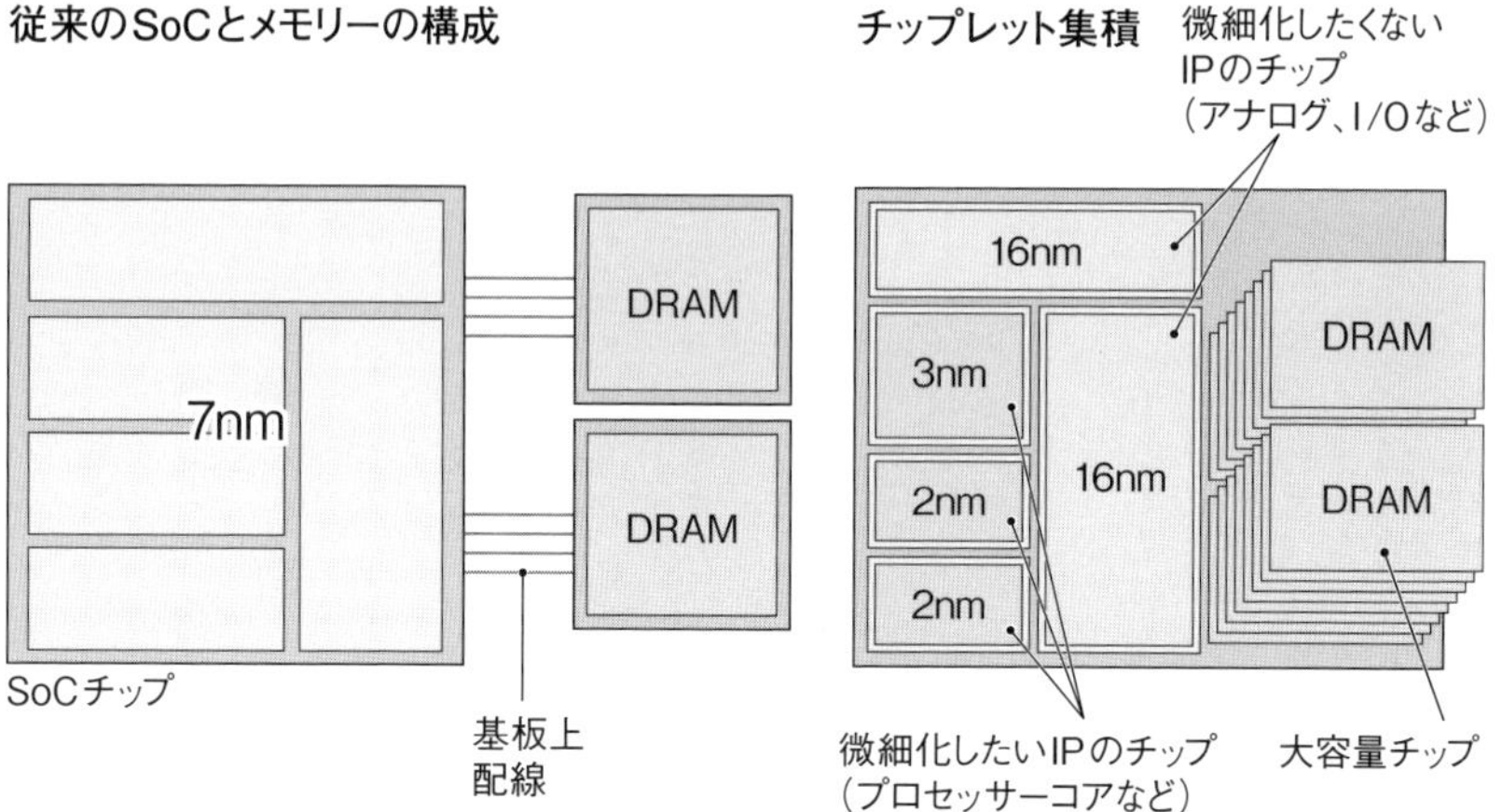

チップ同士を重ねる3次元実装。図中のSoCはシステム・オン・チップ（多機能実装方式）の略（出所＝日経クロステック）

微細化の進化技術を、ムーアの法則になぞらえて「モア・ムーア（さらなるムーア）」と呼ぶ。異種チップ集積のような次世代技術は、微細化のムーアの法則の外にある技術という意味合いから「モア・ザン・ムーア（ムーアの先）」と呼ばれる。今はモア・ムーア技術が急速に浸透する時期に当たる。日本が得意とする材料や製造装置の分野を武器に復権しようという算段である。

ラピダスでも異種チップ集積に取り組む予定で、日本IBMの実装エンジニアだった折井靖光氏が主導する。

ラストチャンスの2つ目は人材である。国内のさまざまな業界の例に漏れず、半導体業界においても人材の不足は深刻だ。だが、ここでラストチャンスであるのは、過去に世界一にまで上り詰めた知識と経験を持つ60～70代のシニア層が、まだ残っていることである。

このシニア層は、1980年代に日本の半導体業界をけん引してきたエンジニアであり、当時20～30代だった。

この世代のエンジニアが、業界から消えれば、日本から多くのノウハウと知識が消える。ラピダスの小池社長もまさにこの世代のエンジニアである。それ以降の世代は、最前線に立つ半導体製造会社で、どのように研究開発を進めればよいかを知らない。つまり、この60～70代が業界を去るまでのわずかの期間が勝負だ。

3つ目は、国内での先端半導体確保におけるラストチャンスである。

「これが最後で最大のチャンスだ。絶対に逃すな！」

半導体戦略会議の第5回の一場面。こう檄を飛ばしたのは、有識者メンバーの若林教授である。先端半導体が国内になければ、「デジタルインフラ格差による命の格差が起こる」（同教授）。先端半導体は第5世代移動通信システム（5G）基地局や、大規模データを管理するデータセンターに使われる。これらの基幹部分が国内になければ命の危険が起こるという見立てである。

例えば、これからの時代で普及が見込まれる技術に、クルマの自動運転や遠隔医療、デジタルツインがある。完全自動運転（自動運転レベル4、5）が普及すれば、もはやヒトは運転の必要がなくなり、高齢者ドライバーの自動車事故も減るかもしれない。

東京から大阪までという長距離も結べる遠隔医療は、医者の足りない地域でも高度な手術ができる可能性がある。医療格差をなくせるかもしれない。

デジタル上に現実世界を再現するデジタルツイン技術は、現実世界のシミュレーションによって災害や交通渋滞などを防げる。

ここで、「先端半導体が日本になければどうなるか」と若林教授は力を込める。いわく、クルマの自動運転では通信の遅延で事故につながる。遠隔医療では医者の操作データに後れが生じ、手術ができなくなる。

さらに、デジタル上に現実世界を再現する「デジタルツイン」技術では、データセンターが欠かせない。だが、これを確保できなければ、例えば洪水の事前シミュレーションが可能な防災デジタルツインを動かせない。先端半導体の製造拠点は「今後の日本に必要だ」と言う。


次世代技術によるスタートラインの引き直し。半導体黄金期最後の世代によるノウハウ伝授。先端半導体の有無が命の格差を引き起こす前のタイミング。

これらの歯車がそろい、日本半導体が再起動に向けて動き始めた。

参考文献

1 「トヨタやＮＴＴが出資　次世代半導体で新会社、国内生産へ」、日経電子版、２０２２年11月10日。https://www.nikkei.com/article/DGXZQOUC09DWY0Z01C22A1000000/

2 SEMICON JAPANの小池淳義氏のプロフィール参照。https://www.semiconjapan.org/jp/Atsuyoshi-Koike

3 「半導体戦略（概略）」、経済産業省、２０２１年６月。https://www.meti.go.jp/press/2021/06/20210604008/20210603008-4.pdf

4 IC Insightsが２０２２年に発表したデータを参照。参照サイトは２０２２年12月に閉鎖された。

5 木村雅秀、「共同ファブはなぜ破綻したのか　第１回：日本半導体復活の切り札」、日経クロステック、２００９年３月２日。https://xtech.nikkei.com/dm/article/FEATURE/20090218/165932/

6 木村雅秀、「共同ファブはなぜ破綻したのか　第２回：度重なる失敗の教訓は」、日経クロステック、２００９年３月３日。https://xtech.nikkei.com/dm/article/FEATURE/20090218/165933/

7 小池淳義、「フラッシュメモリビジネスの現状と課題」、半導体産業人協会会報、２０１４年、No 84。https://www.ssis.or.jp/pdf/encore/encore84.pdf

8 東哲郎、「私の履歴書」、日経電子版、２０２１年４月。https://www.nikkei.com/stories/topic_resume_21031901

9 "2021 Top Semiconductor Equipment Suppliers, "TechInsights, 2021. https://www.techinsights.com/blog/2021-top-semiconductor-equipment-suppliers

10 "China's share of global wafer capacity continues to climb," "Knometa Research News, Feb. 10, 2022. https://knometa.com/news/?post=china-039-s-share-of-global-wafer-capacity-continues-to-climb

11 ラピダスの公式サイト参照。https://www.rapidus.inc/business/

12 "TSMC FINFLEX, N2 Process Innovations Debut at 2022 North American Technology Symposium," "TSMC News Archives, Jun. 17, 2022. https://pr.tsmc.com/english/news/2939

13 「昔エリート、今お荷物　半導体技術者に転職の荒波」、日経電子版、２０１３年12月17日。https://www.nikkei.com/article/DGXNASFK0901U_Z01C13A2000000/

14 小島郁太郎、「ルネサス主力工場火災で顕わに、自動車メーカーの思慮不足」、日経クロステック、２０２１年３月23日。https://xtech.nikkei.com/atcl/nxt/column/18/00001/05344/

15 経済産業省のＷｅｂページ「半導体・デジタル産業戦略検討会議」を参照。https://www.meti.go.jp/policy/mono_info_service/joho/conference/semicon_digital.html

FinFETとGAA

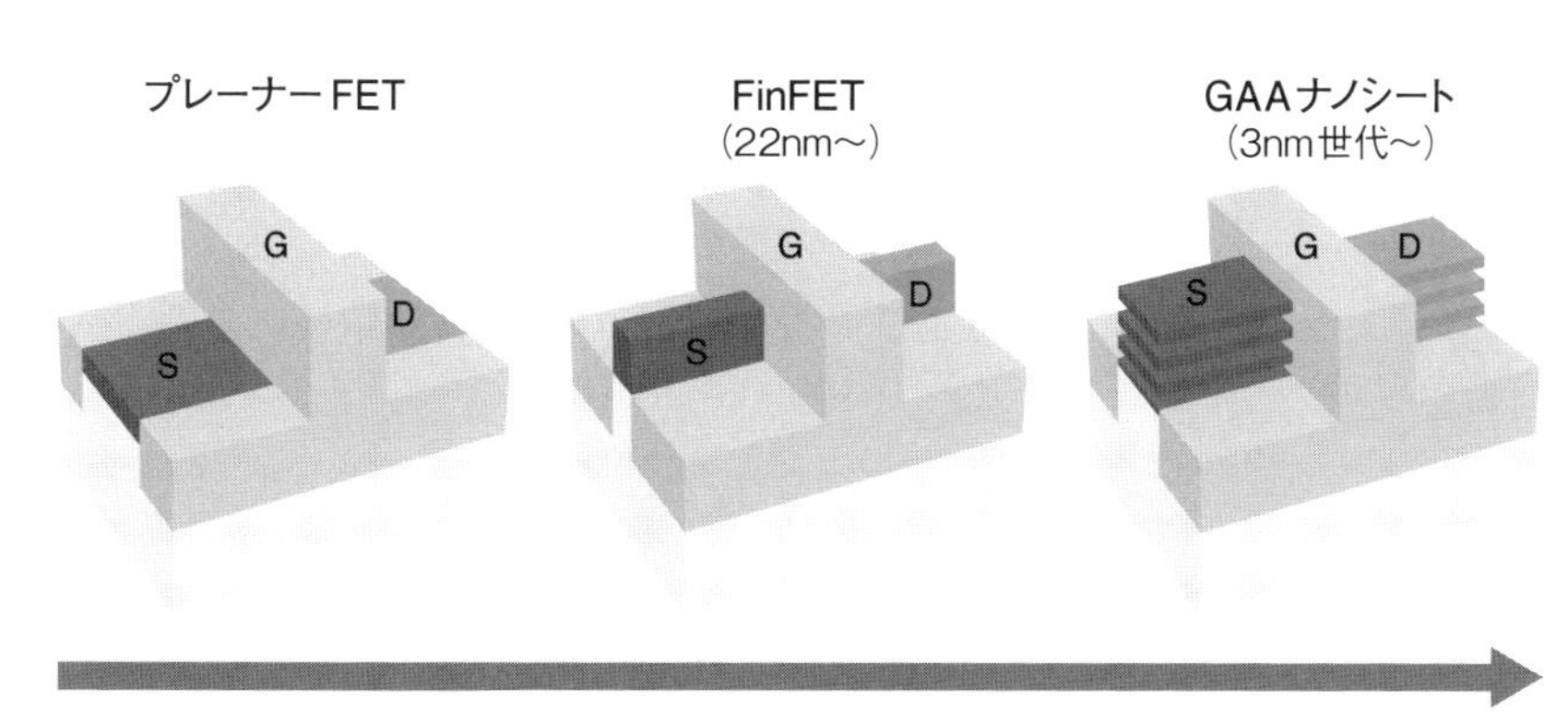

図A　微細化加速に従ってトランジスタ構造は変化してきた(出所＝日経クロステック)

ラピダスが2027年の量産を目指すのは、最先端となる2ナノメートル世代のロジック半導体である。2ナノメートル世代ともなると、トランジスタはウイルスよりも小さい。肉眼で見ることは当然できない。

トランジスタの構造は、微細化(小型化)に対応するために変化を続けてきた(図A)。小さすぎるが故に、電子の制御に問題が出てきたことが1つ。さらに、トランジスタ自体を微細化しやすい構造にするためである。

半導体チップをこれまで支えてきた構造は「プレーナーFET」と呼ばれる。その後、22ナノメートル以降で「FinFET」、最先端の3ナノメートル世代からは「GAAナノシート」(いわゆるGAA)が使われるようになった。

トランジスタは電流におけるダムのような部品である。その仕組みは水流制御によく似ている。まずダムの関門に当たるのが「ゲート」である。ゲートは電流の源である「ソース」と、排水口である「ドレイン」に挟まれている。ゲートに一定以上の電圧を与えれば、ソース-ドレイン間に電流が流れる仕組みだ。ゲートに電圧をかけるか

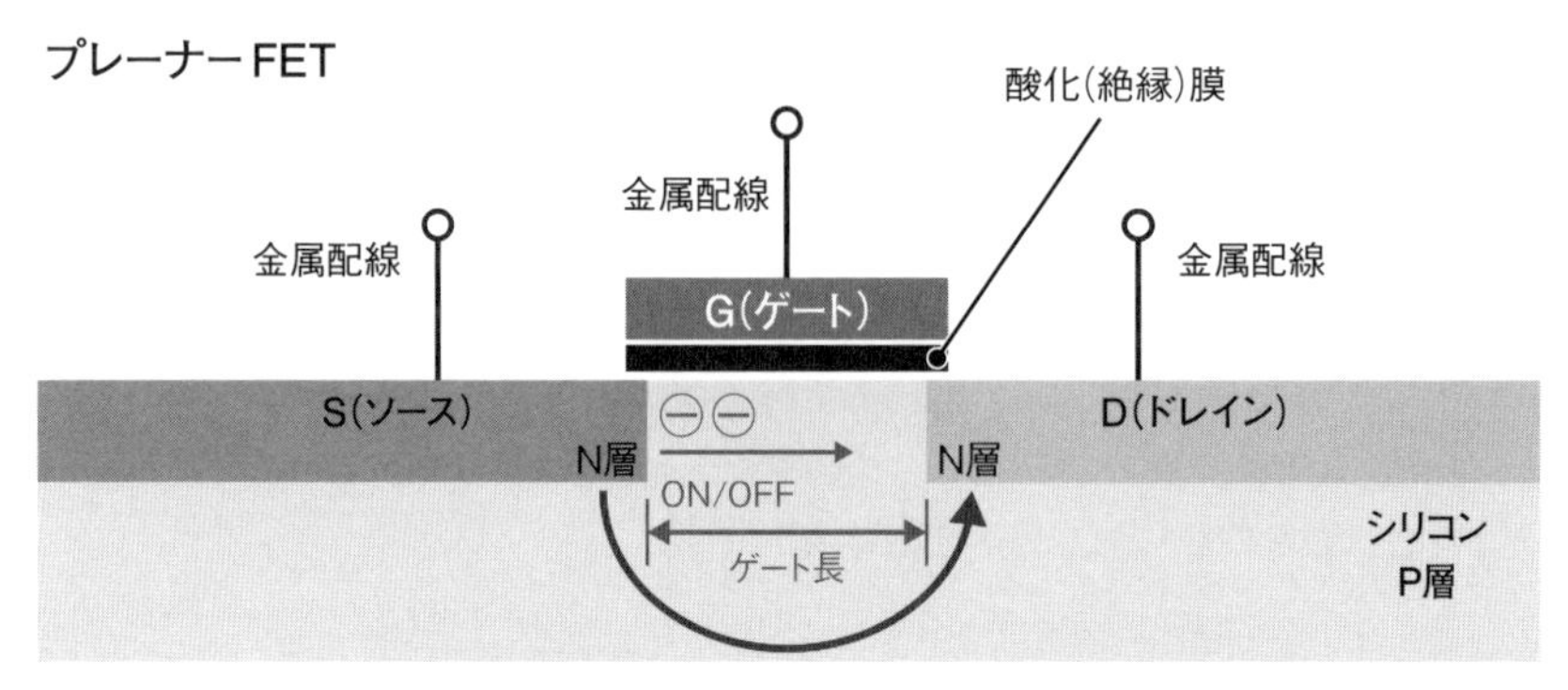

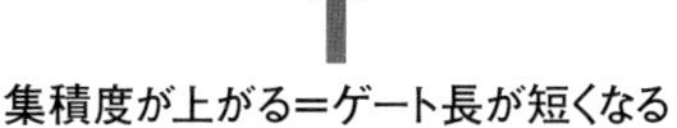

図B　プレーナー FETの構造(出所＝日経クロステック)

どうかがオン／オフのスイッチになり、電気信号を送れる。

従来のプレーナーFETの課題は、オフ（絶縁時）時にもわずかに電流が漏れる「リーク」だった（図B）。従来は無視できる程度だったものの、微細化が進むと急激に大きくなってしまう。

リークを抑えるために、プレーナーFETに代わる構造が必要となった。そこで、先端半導体で主流となったのがFinFETである。FinFET構造は、22ナノメートル以降のトランジスタで使われている。フィンとは、英語で魚のヒレの意。ソース-ドレイン間の電流経路「チャネル」が、ヒレのように突起しているためだ。

FinFETとプレーナーFETを比べた主な利点は、チャネルを制御する面の数の違いにある。制御面を増やすことで、リークを抑制した。プレーナーFETは1面のみからチャネルを制御していたため、リーク電流が多かった。そこで、チャネルをゲートに食い込ませることで、3面から囲み、リーク電流を抑制した。

ＦｉｎＦＥＴ構造は、実は日本企業が初めて作製に成功した技術である。日立が１９８９年に開発を発表した。ただ、商用生産にこぎつけたのは約20年後の２０１１年。その担い手は日本企業でなく、米インテルだった。

ＦｉｎＦＥＴの技術的な難しさはフィン部分の構造にある。構造が3次元的で複雑で、プレーナーFETに比べて製造にかかる工程も増え、設備も高度になるため、コストがかさむ。

上記のような課題から量産では良品率（歩留まり）が問題となり、製造につなげにくかった。

4面のゲートで囲むＧＡＡ

そして、ＦｉｎＦＥＴの次のトランジスタ構造がGAAナノシートである。さらにリークを制御し、微細化につなげやすくした。

GAAは「ゲート全方向（ゲート・オール・アラウンド）」という名の通り、ゲートが全方向からチャネルを包み込む。ＦｉｎＦＥＴと比べて、3面から4面にチャネルの制御面の数を増やした。

GAAナノシートは、薄く伸ばしたチャネルが縦に何枚も積み重なっている。「基本的に積層する枚数が多いほど性能は向上する」と東京大学で半導体を研究する平本俊郎教授は語る。続けて「ＧＡＡの製造の難しさは、3次元的に考えなければならない部分が多いこと」と、説明する。

ＧＡＡ構造の基本的な製造方法は、サンドイッチを作った後、パンの部分を抜くようなものである。まず、シリコンとシリコンゲルマニウムと呼ばれる2種類の半導体を交互に積層。そうして、FinFETのようなヒレ型の構造を形成する。シリコンゲルマニウムは特殊な溶剤で溶かすことができるため、これを溶かせばシリコンのみが残る仕組みである。

FinFETと比べても製造はかなり複雑になる。そのため、実用化に2022年まで至らなかった経緯がある。ラピダスは、この複雑な構造を量産できる手法を確立する必要がある。米アイ・ビー・エム（IBM）はGAA構造の2ナノメートル世代トランジスタを開発しているため、ラピダスは同社からノウハウを得られる。ただ、量産には世界の第一線を走るファウンドリーも苦戦するほど。決して一筋縄ではいかないだろう。

GAAができればその先も見える

余談だが、GAAの先のトランジスタ構造も生まれ始めている。「ラピダスもいずれ乗り越えなければならない技術になる」。ラピダスの関係者がこう見据えるのは、次世代のトランジスタ構造「CFET」である。

CFETは、2030年代に実現するという1ナノメートル世代以降のトランジスタ構造だ（図C）。「CFETはトランジスタにおける究極のデバイス構造」。ベルギーの半導体研究機関imecでSTS／CMOST／TSE プログラムディレクターを務める堀口直人氏はこう

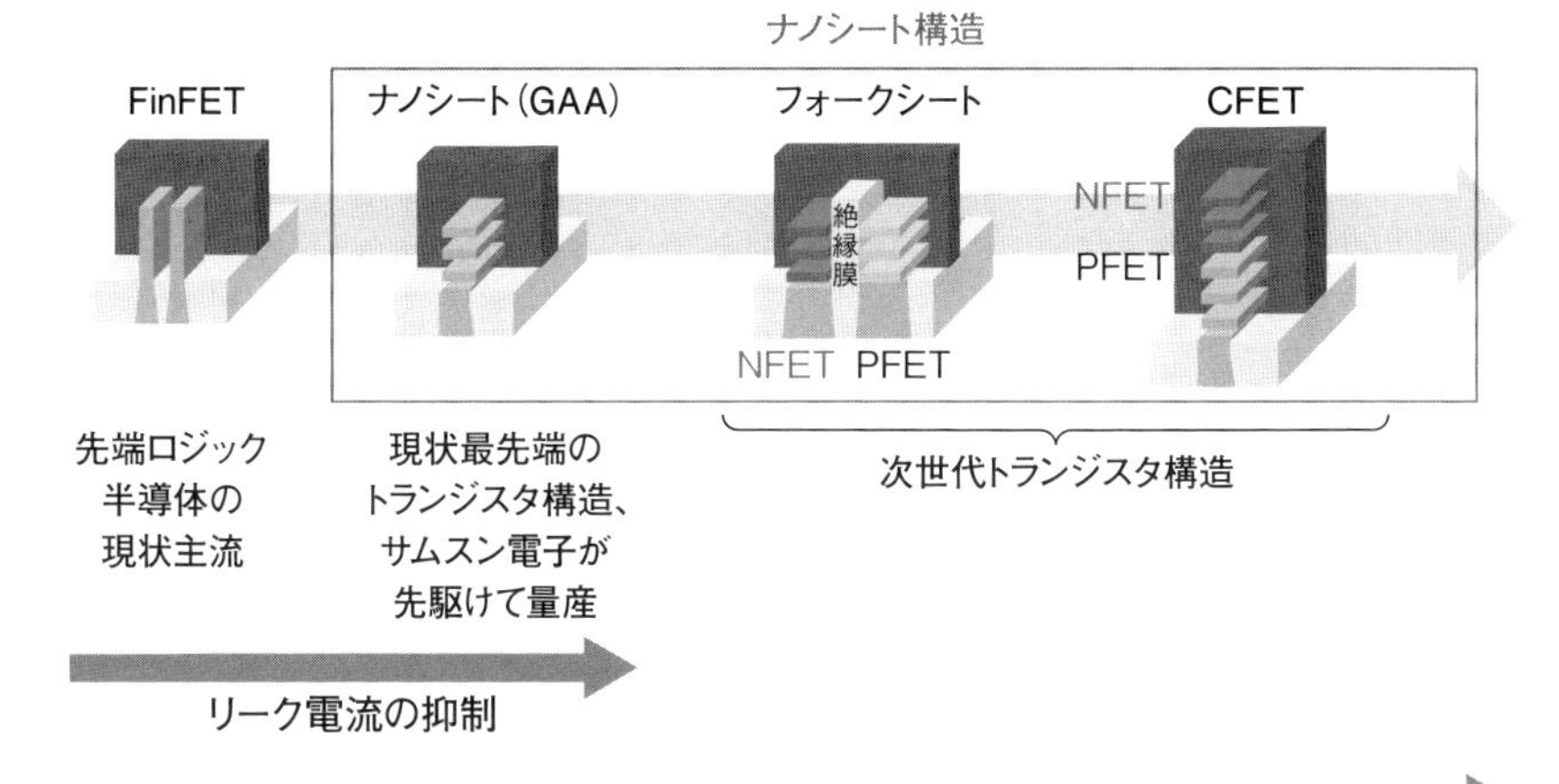

図C　GAAからCFETへ（出所＝imecの資料を基に日経クロステックが作製）

断言する。

CFETは、トランジスタが占めるエリアの微細化に特化している。線幅を狭くしてトランジスタを2次元的に増やすGAA構造以前とは技術トレンドが異なっている。

FinFETやGAAナノシートは微細化しやすい構造であると同時に、リークの抑制が大きな特徴だった。対して、フォークシートやCFETは微細化・集積化を焦点にしている。トランジスタの横幅を小さくすることで、より集積化ができる構造になっている。このCFETの構造は、GAAの技術が獲得できたものだけがたどり着けるものでもある。

実は、さらにその先もある。imecによれば、CFETの次世代となるトランジスタ構造も見据えているという。現状最先端のGAAナノシートから見れば「次次次世代」に当たり、同社が「原子CFET」と呼ぶ構造である。「原子CFETが実現すれば、トランジスタの微細化を本当に究極的にできる」と堀口氏は期待を込める。

原子CFETは、原子レベルまでチャネルの厚みを小さくすることで、ゲートをより制御しやすくするもの。2次元的な原子配列を持った材料を使うため、チャネルを原子レベルに薄く形成できる。

2 経産省が描く復活シナリオ

上空から見たJASMの工場建設現場（撮影＝日経クロステック）

デカい――。

田畑が広がる道を進んだ先に、箱状の建物が突如姿を現した。その巨大さに、思わず声が漏れる。

2023年春、竣工が迫る半導体工場の建設現場である。端には「.jasm」の文字があり、jの上部の「・」は日の丸を思わせる赤色になっている。ここが、ラピダスにつながる日本半導体戦略の出発点だ。

九州の中央、熊本県菊陽町。熊本空港からクルマで約20分と程近い場所にこの建設現場はある。空港に降り立っただけでは、ここが日本政府からの期待を一身に受ける土地とは到底思われないだろう。周囲には静かな田園風景が広がるばかり。「半導体」という言葉から受ける先端技術のイメージとは正反対である。

ところが、工場地帯に近づくとこの風景は一変する。「セミコンテクノパーク」と書かれた看板を過ぎると、半導体工場が雨後のたけのこのごとく建設されている様子が見え始めるからだ。

その引力となっているのが、ジャパン・アドバンスト・セミコンダクター・マニュファクチャリング（JASM）の巨大な新工場である。JASMは2021年、台湾積体電路製造（TSMC）の子会社として設立された。TSMCはファウンドリー市場を握り、先端半導体製造ノウハウを持つ。TSMCの日本誘致は、経済産業省の悲願だった。

世界では、スマートフォン（スマホ）のような精密機器の頭脳を担う「ロジック半導体」で微細化競争が進む。だが、日本のロジック半導体工場は時代遅れだ。日本の半導体復権のためには、TSMCのような海外ファウンドリーに工場をつくってもらうしかなかった。

それが新企業JASMとして昇華された。ラピダスの目指す2ナノメートル世代半導体よりも旧世代の、22／28ナノメートルがターゲットである。トランジスタ構造「FinFET（フィンフェット）」を使い、12／16ナノメートル世代の半導体も製造するという[1]。

ただ、旧世代といってもその用途は最先端だ。

この工場で造られる半導体は例えば、車載向けマイクロコンピューター（マイコン）や、スマホカメラなどに搭載される「イメージセンサー」という部品に使われる。クルマの電子制御や、最先端のスマホにはなくてはならないものだ。

そこで、ＪＡＳＭには国内産業をリードする2社が関わっている。トヨタグループで自動車部品を手掛けるデンソーと、ソニーグループでイメージセンサーを中心に手掛けるソニーセミコンダクタソリューションズ（ＳＳＳ）である。両社は、出資社であると同時に、ＪＡＳＭの将来的なユーザーでもある。

「半導体村」ができあがっていく様子は、まるで祭のようだ。

ＳＳＳの兄弟会社であるソニーセミコンダクタマニュファクチャリング、半導体装置を手掛ける東京エレクトロン九州、装置部品を手掛けるナカヤマ精密。さらに、半導体製造向けのガスを手掛ける日本エア・リキードなど、さまざまな会社が菊陽町近辺に工場を設置・増築する。

ＪＡＳＭ新工場の現場には、クルマや人がひっきりなしに吸い込まれ、出ていく。建設部材を運ぶトラックや現場作業員たちだ。

それもそのはず。建物の完成は２０２３年内と、もう1年もない。熊本中の現場作業員が集結しているかのような盛況ぶりである。

その経済効果も莫大である。

設備投資費用は、何と86億米ドル（約1兆１４００億円、1米ドル＝１３３円換算）に上る[2]。経産省は半導体関連予算から、ＪＡＳＭの先端半導体工場建設にかかる費用の約半分を助成する。経産省による助成は、実は産業育成という観点で効率の良い投資だ。JASM以外にもキオクシアの三重県四日市の半導体メモリー工場に対して約2800億円の助成を行うが、同省の公表資料によれば、両工場建設は日本のGDP(国内総生産)で約4兆2000億円のプラスとなるという。経済波及効果はさらに大きく、約9兆2000億円である。税収効果は約7600億円を見込む。つまり、経産省による助成は日本にとって利益があるビジネスといえる。

九州は別名「シリコンアイランド」とも呼ばれる。これまでも日本の半導体製造の大部分を担ってきた。経産省九州経済産業局によれば、2020年時点のIC生産金額は全国比で43・1%を占める。半導体製造業全体でも約2割と、全国でも最も比率が高い[3]。なぜ九州に半導体製造工場が集まるのか。その答えの1つが「水」にある。

「まずは水が多い土地かどうか。大量に水を使いますから。次に、地元の自治体が協力的か、広い土地があるか、交通の便が良いかなどが重要になります」

筆者が以前、ある半導体工場の建設現場を見学させてもらった時である。担当者に「半導体の工場用地はどう決まるのか」と聞いたところ、このような回答が返ってきた。

半導体工場には大量の水資源が必要だ。例えば、ここに回路幅がナノメートル規模の半導体がある。目には見えないほどの小さなゴミであっても、半導体の中に入り込めば正常に稼働しなくなってしまう。このゴミ（「パーティクル」と呼ばれる）を、純水という不純物を含まない水で洗浄・除去する。ゴミを極力なくし、不良品を減らすために何度も洗浄する。

例えば、TSMCは2021年、保有する工場で計1400～1500万枚程のウエハー（直径12インチ＝約300ミリメートル換算）を生産している[4]。同年消費した水資源の重さは、約8267万トンだった。単純計算で、ウエハー1枚当たり約6トンもの水が消費されていることになる。両手で軽々と持てる円板に、巨大なトラック1台分の水が使われるイメージだ。そのため、水が有り余るような土地が求められる。

九州は水が豊富である。降水量が全国でも多く、地下水や河川水が蓄えられているからだ。用地も広く取れ、空港が点在している点も魅力がある。こうした好条件が重なり、半導体工場や半導体関連企業の拠点が集まっている。

九州へのTSMC誘致とJASM設立が発表されてからは、この機を逃すまいと九州への半導体工場の新設・増設が相次いだ。熊本県だけでも計6社、九州全体では計11社が関連工場の拠点強化を実施している[5]。

経産省が目指す復権への3ステップ

「我々の目標は、半導体の国内基盤を取り戻すこと。この大きな目標に向けて、必要な対策はどんどん打っていきます」

こう意気込みを見せたのは経産省のデバイス・半導体戦略室、荻野洋平室長だ。2022年春、筆者は経産省の半導体戦略の取材を進めていた。荻野室長は戦略を立てる主要人物として、筆者の取材に答えた。ラピダスの設立発表よりも半年ほど前のことである。

「経済安全保障（安保）などの観点から、世界中で技術関係の摩擦が激しくなっています。製品をどこで造ってもよかったこれまでの状況から、どこで作られているかが重要になってきているわけです。そんな中で、経済安保上重要な半導体技術や製造拠点が国内になければならないのではないか、という話が進んでいます」

荻野室長がこのように説明する背景には、米国・中国間の貿易摩擦がある。「世界の工場」である中国は、半導体強国を目指し、次々と半導体工場を建設している。だが、米国は技術流出による中国の軍事力強化を恐れている。先端半導体は新しい戦争の要となる最重要物資だ。日本もこの米国の動きに追従し、国内での製造拠点設置に動いていた。国際情勢の混乱で半導体が確保できなくなれば、国内産業への影響も大きい。米中の覇権争いによって、世界の半導体サプライチェーンは再構築が始まっている。この流れに乗ることで、経産省は半導体復権を狙っているようだった。

この日の取材で、荻野室長は半導体復権に向けた「3つのステップ」を提示した。世界から後れを取っている状況から段階的に追いつき、最終的に最前列に躍り出る計画である。期間は、2021年から2030年までの10年間だ。

まず2020年代前半に、半導体の国内サプライチェーンを強化する（ステップ1）。次

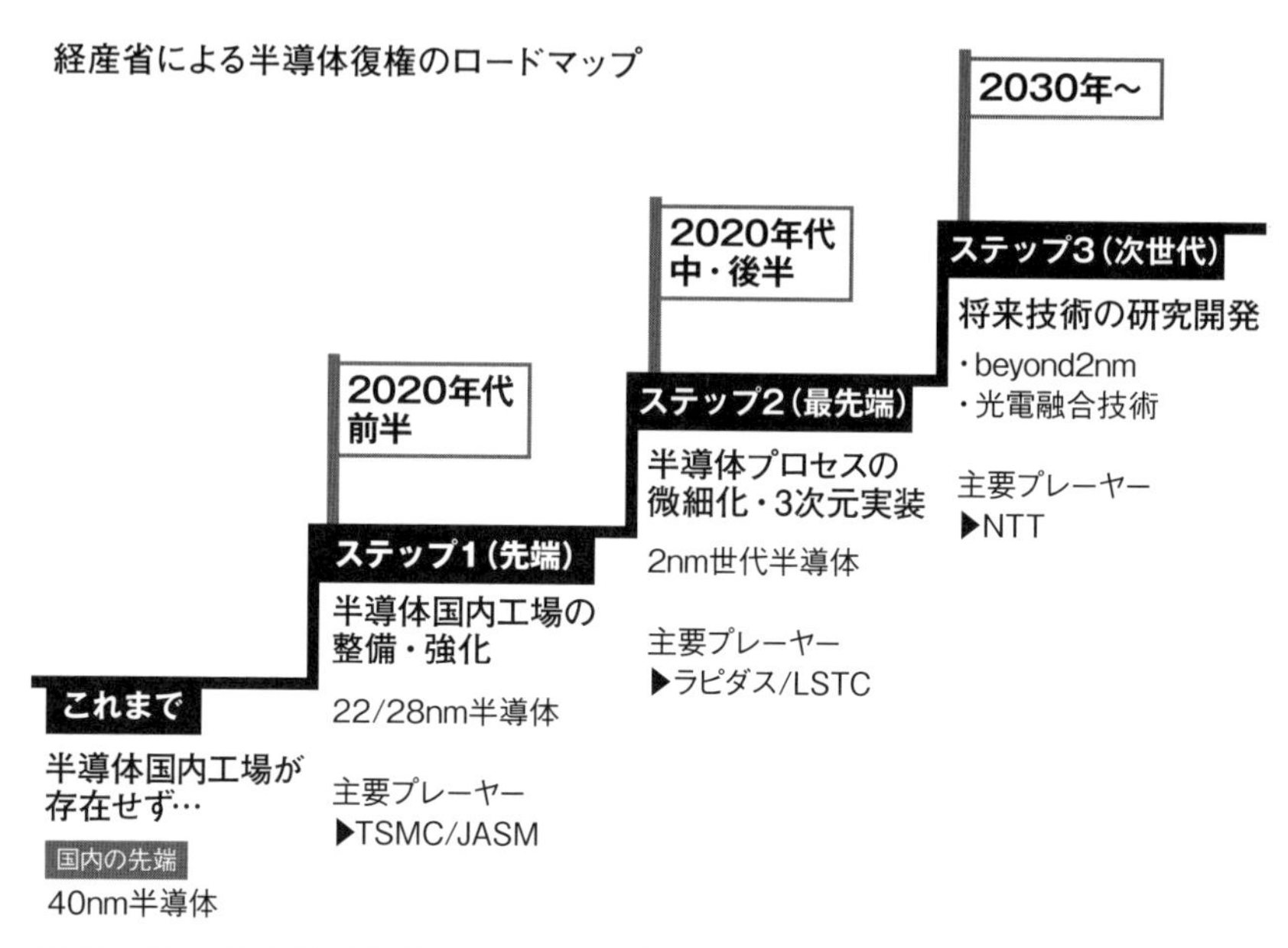

経産省が掲げる半導体復権への3ステップ（出所＝経産省の資料を基に日経クロステックが作製）

に2020年代中後期、微細化競争に参加するとともに、3次元実装のような次世代技術を開発推進する（ステップ2）。そして2030年以降は、半導体のゲームチェンジャーになり得る将来技術を、他国に先んじて実用化する（ステップ3）。

TSMCの熊本誘致（JASM）がステップ1、ラピダスの設立がステップ2に当たる。ステップ1ではJASMが22／28ナノメートル世代（場合によっては12／16ナノメートル世代）の半導体、ステップ2ではラピダスが2ナノメートル世代を量産する。車載向けなどで使われる従来の半導体から、スマホなどで使われる最先端半導体までを網羅。2030年には、日本を半導体の一大生産拠点にしようという野望を描く。

2030年から始まるステップ3の主役は

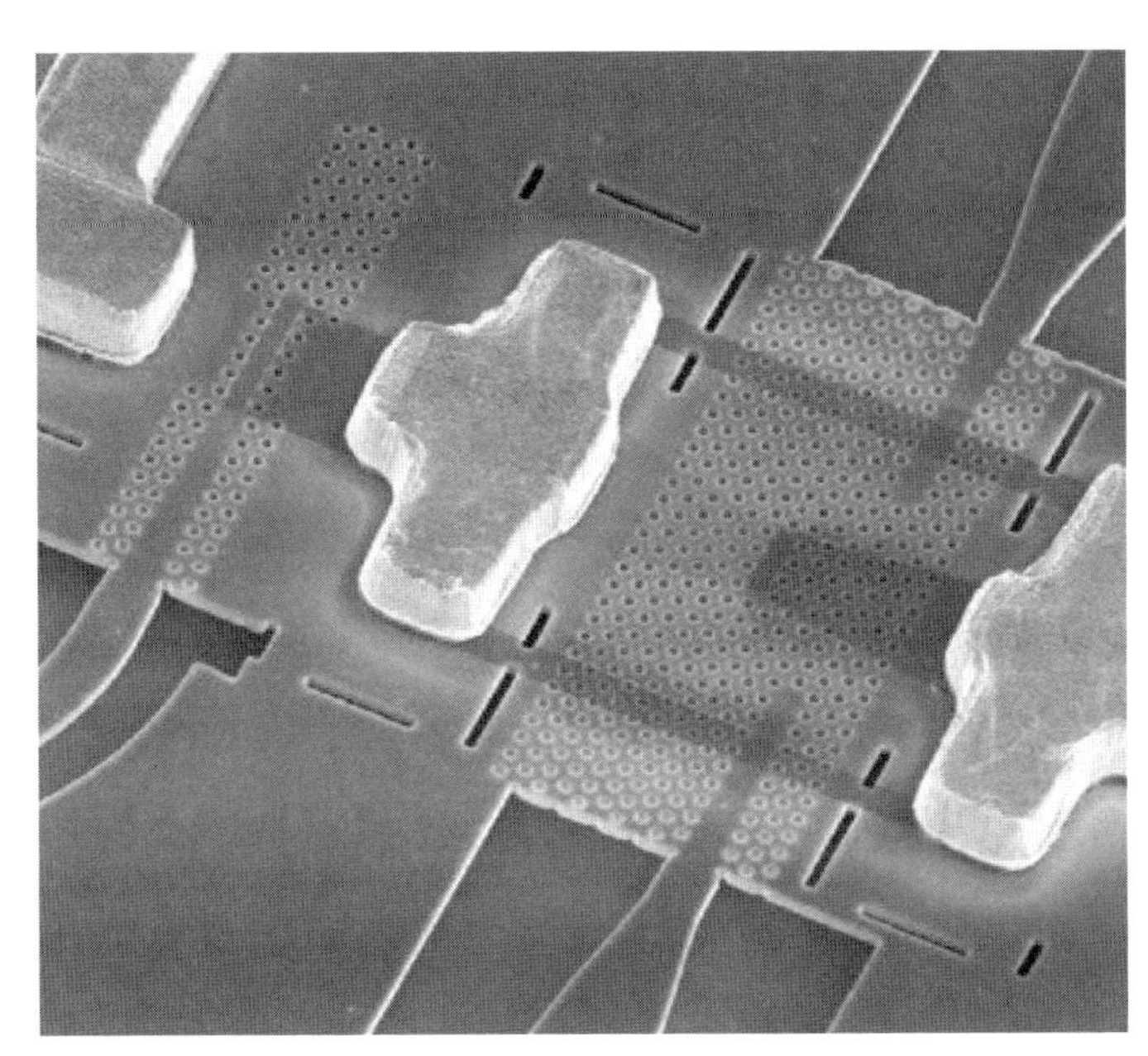

NTTが開発する光電融合技術による光トランジスタ（出所＝NTT）

「光電融合」と呼ばれる技術だ。

光電融合とは、信号伝送や計算に電気ではなく光を使う技術である。トランジスタはエネルギー損失が多い。半導体には抵抗があり、電流が流れると電力が熱などになり失われてしまう。しかし光信号であれば、この問題は大幅に低減できる。そこで、通信のみならず演算までも光で完結する「オール光ネットワーク」「オール光コンピューティング」の出番になる。

今後、人工知能（ＡＩ）のさらなる普及によってデータ量は爆発的に増加する。これまではトランジスタの微細化によって、電力消費は抑えられていた。だが、微細化でさえも対応できない時代が到来しようとしている。

「今の半導体がボトルネックになります」。

こう語るのは、ＮＴＴ社長を務めた、同社会長の澤田純氏である。澤田氏は、日本の光電融合技術におけるキーパーソンの1人だ。NTT社長時代に光電融合技術を軸にした「IOWN構想」を発表した。同構想は、2030年の実現に向けて動いている。「NTT研究所が取り組んできた、半導体を光化する技術でゲームチェンジできます」（澤田氏）と意気込む。

光電融合は、中国も覇権を狙うような半導体技術のゲームチェンジャーである。これまでの微細化競争とは異なる軸の技術であり、米国から半導体輸出規制のかかる状態でも開発を進められる。2030年ごろが1つの勝負の時期になってくるだろう。

経産省のステップ3も、NTTにキープレーヤーになることを期待している。IOWNの仕様を検討する組織「IOWNグローバルフォーラム」には2023年2月時点で117者が参画する。韓国サムスン電子や米インテル、米マイクロソフトといった海外企業も多い。IOWNや光電融合は、世界の注目が集まる革新的技術になりそうだ。

TSMCとの急接近

実のところ、一連の半導体戦略は1年ほどで練られたものである。始まりは2019年だった。この年、2つの重大事件があった。1つは、第1章で見たラピダス東会長への米アイ・ビー・エム（IBM）からの電話。もう1つが日本政府とTSMCの急接近である。

東京大学とTSMCは異例の大規模協業を結んだ。左から3人目が東大の総長だった五神真氏（出所＝東京大学）

ＴＳＭＣとの連携にまず動いたのは、東京大学の総長だった五神真氏だった。

「これからの10年間は、日本が戦略的に勝負をかけるべき時期」

同氏は２０１９年11月、東大・ＴＳＭＣの協業会見でこう危機感をあらわにした[6]。「今の日本にはこの半世紀の間に蓄積した技術や人材面でのストックがあります。インテンシブ（徹底的）に、大学や産業界の人材を最大限活用しなくては。その仕組みとして、提携を結びました」

五神氏が動き出したのは、東会長にＩＢＭからの電話が鳴った少し前のことだ。２０１８年末にＴＳＭＣを訪ね、話を進めた。そこからの展開は早い。まず、慶応義塾大学に在籍していた半導体研究者・黒田忠広氏を東大に誘った。黒田氏が東大教授に着任するのとほぼ同時に、2019年に東大・TSMCの大規模提携が結実。黒田氏はさっそく学内に半導体研究の産学連携拠点を設立し、TSMCとの協業を始動させた。

この協業は、TSMCにとっても異例だった。同社は台湾以外の大学とは、これまで大規模協業をしたことがなかったからだ。これは、日本と台湾が急接近するきっかけとなる出来事となった。つまり、ラピダスにつながる半導体戦略策定のきっかけは、2019年にあった。経産省に突然舞い込んできた2つの大事件。この年、経産省幹部は「この最大のチャンスを逃してはならない」と決意した。

その動きが表面化したのは、それから2年後の2021年である。2021年は、世界にとっても「半導体の年」だった。半導体不足が本格化し、日常生活にも影響が及んでいた。日々報道では半導体が話題に上げられ、関心が高まっていた。特に日本では、半導体に関するニュースが一般の会話で話題に上るほど注目が集まるなど前例がないことだった。

半導体不足に何とか対処しなければ――。国内産業が大騒ぎになる一方、この事態は経産省にとってはチャンスでもあった。半導体に注目が集まっている今は、半導体復権に向けて動きやすい時期だからだ。政府に働きかけ、国内に半導体の製造基盤を設立できるかもしれない。経産省は本腰を入れ始めた。

同時期、米国政府でも、半導体不足を重く受け止めていた。半導体サプライチェーンは世界中に分散している。どこかで半導体が造れなくなれば、その影響はすさまじい。米国産業の発展が滞る可能性があるばかりか、軍事面でも停滞を引き起こすかもしれない。半導体サプライチェーンをより強固に、管理しやすいものにしなければならない。米国政府はそう考えた。

2021年4月、菅義偉首相（当時）とジョー・バイデン第46代米国大統領が会談。半導体サプライチェーンの構築で連携を表明した[7]。日本にとっても、半導体不足は国内産業をけん引するクルマ産業に大打撃だ。菅内閣は対処に急いだ。

TSMC誘致が現実視されだしたのは、2021年6月である。同社は日本への拠点設置の検討に入った。それまでも日本は同社に対して秋波を送っていた。だが、TSMCにとってはあまりうま味のある話ではない。物価が高く、台湾からそう遠くない地に生産拠点を置くビジネスメリットは少ない。

その状況が動いたのは、TSMCのユーザー企業の存在が大きい。台湾は、スマホやパソコンの頭脳となる「ロジック半導体」生産の総本山である。先端品では世界でもそのほとんどを生産する。世界のユーザー企業は、これを薄氷の上を歩くのと同然であると考えた。半導体不足や台湾有事によるリスクは、なるべく低いほうがよい。地政学的リスクの低い日本のような土地への移転は好意的に受け止められた。

日本にはＴＳＭＣにとって大口顧客であるＳＳＳがいる。このＳＳＳの製品は、米アップルのiPhoneに載る。そしてアップルはＴＳＭＣの最大顧客である。アップルからのＴＳＭＣへの働きかけに加え、ＳＳＳの清水照士社長の交渉参戦によってＴＳＭＣもついに折れた。

続く２０２１年12月には、日本と台湾の両地域が半導体サプライチェーン強化に向けて協力を確認[8]。さらに、経産省はこの機を逃すまいと法改正に動いた。「特定高度情報通信技術活用システムの開発供給及び導入の促進に関する法律（５Ｇ促進法）」の改正、通称・改正５Ｇ促進法である。この法律は、第５世代移動通信システム（５Ｇ）に限らず、半導体に関する設備投資を国が支援できるようにするものだ*1。

＊1　特定高度情報通信技術活用システムの開発供給及び導入の促進に関する法律（５Ｇ促進法）とは、５Ｇの国内での普及支援や技術発展を目的とした法律。その改正法（改正５Ｇ促進法）は、５Ｇにも重要な半導体の国内生産基盤を支援するもの。２０２１年12月に成立、２０２２年３月に施行された。

ユーザー企業が望んでいるとはいっても、ＴＳＭＣ誘致はタダではできない。ＴＳＭＣが出した条件は、拠点整備にかかる金額のおよそ半分を助成することだった。経産省は最大助成額として異例の４７６０億円を提示した。

こうして、日本の半導体戦略が動き出した。翌年の２０２２年にラピダスが設立され、現状の日本半導体戦略はステップ2にコマを進めた。

半導体戦略は政治の道具か

「税金の無駄遣いだ。今から最先端のキャッチアップは無理。製造は海外のファンドリーに任せればいい」

TSMC誘致、ラピダス設立。経産省の半導体戦略には、産業界からそんな批判もある。「経産省幹部が出世のため、メディア、そして国民に聞こえの良い計画を見せているだけではないのか。10年もたてば、次の幹部が新しい計画を立てるに違いない」。こうした不安があるのは確かだ。これまでも日本政府は、国内半導体を立て直す計画を立てては失敗を重ねてきた。今さらどうやって信じればよいのか、という思いには理がある。

2023年4月。筆者はラピダスの動向を受けて、再び経産省の荻野室長に取材を申し込んだ。取材時間も終わりに差し掛かった頃、気になっていた質問をぶつけてみた。

「今の半導体戦略を推し進めている政府・省庁メンバーも、いずれガラっと変わるでしょう。政権交代もあります。そうなったら半導体戦略も一新されてしまうのではないですか」

すると、荻野室長の声に途端に熱が帯びた。これまでも何度も聞かれてきた質問だったのだろう。

「我々は本気です。法律を変えるということは、簡単ではないんですよ。それこそ、死ぬ気でやりました」

荻野室長は本気を示すため、「あえて法改正した」と力を込める。「法改正しなくても、TSMCやラピダスへの財政支援は（都度の措置で）できます。ですが、あえて法律に（半導体戦略を）組み込みました」と語る。

対象となる法律は、改正5G促進法だけではない。ラピダス設立に当たっては、2022年5月に成立した「経済施策を一体的に講ずることによる安全保障の確保に関する法律（経済安全保障推進法）」に半導体の項目を組み込んだ。半導体など11品目を、経済安保に関わる「特定重要物資」とし、政府による財政支援の対象とした[9]。

法律は一度制定すると、書き換えるのは非常に困難だ。2つの法律には半導体産業への支援方針が明確に示されている。これが経産省、そして日本政府としての「意志」であるというわけだ。

ただ、まだ経産省への疑問は残る。半導体戦略の根幹に当たる疑問。そもそもなぜ、国内に先端半導体の製造基盤を取り戻す必要があるのか。

JASMについては、理解しやすい。日本には、22／28ナノメートル半導体のユーザーがいる。クルマやイメージセンサーといった用途があるからだ。

だが、2ナノメートル世代はどうか。しばらくはスマホやスーパーコンピューターなどのＨＰＣ（ハイパフォーマンスコンピューティング）向けで使われるが、日本はこれらの分野で存在感を出せていない。日本に産業基盤があるクルマや産業機器で必要とされるのは、もっと先だろう。

およそ30年間没落していた日本半導体が、ＩＢＭの協力を得て華々しく最前線へ。そして、世界の半導体シェアを再び握る――。物語としては心躍るが、現実を考えると、そのハードルはあまりに高い。

半導体サプライチェーンは世界中に分散している。この状況は、微細化が進むにつれて今後も続く。これからは各国が材料や装置、製造、設計ツールなどの強みを生かし、連携が加速する。そこには無論、政治的意図が多分に含まれている。であれば、日本は2ナノメートル世代については、台湾や米国のような地域から輸入すればよいという考え方もあるはずだ。

ラピダスはＩＢＭからの申し出で始まり、米国政府の後押しで一気に進んだ。経産省がこれに応じた理由は何か。経産省にとっての「半導体復権」は何を意味するのか。

「経産省にとって、半導体復権とは何ですか」

荻野室長にこう尋ねると、思わぬ答えが返ってきた。

「日本は１９８０年代、世界の半導体シェアの半分を持っていました。あの時代には戻れないと思います。これだけ世界にサプライチェーンが広がっていて、状況が異なるからです。日本の目標は、今後も6極の1つとして世界から必要とされ、自立していくということです」

つまり、経産省の考えはこうだ。日本にはまだ、半導体装置や材料という強みがある。世界市場を握っていて、世界から必要とされている。東京エレクトロンやSCREENホールディングス、JSR、信越化学工業のような会社は世界でも存在感を発揮している。だが、今後もこの強みを維持するためには、国内に先端半導体の製造基盤が欠かせない。ファウンドリーの工場周囲には、半導体村ができあがる。半導体量産工場が中心となり、関連産業の研究開発・生産拠点が置かれる。先端半導体ではこうした動向が顕著だ。

熊本のJASMの例でも、その一端は見て取れる。JASMの周囲には東京エレクトロン九州などの装置メーカーが開発拠点を置く。世界では台湾・新竹の例が分かりやすい。「新竹サイエンスパーク」と呼ばれる、半導体業界のシリコンバレーともいうべき地域があるからだ。その中心となるのは、TSMCの本社や複数の量産工場である。その周囲には半導体装置で世界首位（2021年時点、カナダ・テックインサイツ調べ）の米アプライドマテリアルズ、エッチング（表面加工）装置で首位（同）の米ラムリサーチなどの開発拠点が軒を連ねる。少し離れた所には、先端半導体に欠かせない「EUV（極端紫外線）露光装置」と呼ばれる装置を手掛けるオランダASMLの拠点もある。

日本企業も同様である。東京エレクトロンやSCREENホールディングス、信越化学工業の関連拠点が新竹に集まっている状況だ。新竹サイエンスパークだけではない。世界中で先端半導体の製造拠点ができると、その周囲には関連産業が集まってくる。ファウンドリーとの密な連携が必要になるからだ。

だが、先端半導体の製造基盤がない日本のような地域にとっては、この状況は不利である。半導体人材や先端技術が海外に流れ、日本の国内産業が潤わないからである。国内に先端ファウンドリーがなければ半導体関連産業が育たず、最悪の場合、装置・材料メーカーは海外に拠点移動するかもしれない。日本に本社を置く意味は、彼らにとって必ずしもない。であれば、「象徴」となる先端ファウンドリーが日本には必要だ。これが、経産省の真意である。

日本半導体の「象徴」としてラピダスを設立するのは、国内の装置・材料メーカーのためではなく、日本の国家としての競争力を維持するためというわけだ。人材を国内に留めるための苦肉の策である。

ラピダスが目指すのは、「世界一のファウンドリー」や第2のTSMCではない。むしろ、「これまでTSMCと付き合いがなかった会社が、ラピダスであれば半導体を提供できるようになるイメージ。TSMCのように、アップル相手に年間数億個の半導体チップを提供できるかといえば難しいだろう。同社とは別のところで戦っていく」（荻野室長）。誤解を恐れずにいえば、ラピダスはTSMCのような巨大ファウンドリーの取りこぼしを拾い、世界中の会社から少量多品種で製造受託する会社ということになる。

将来的な2ナノメートル世代の国内ユーザー像としては、トヨタ自動車のようなクルマ産業を見据える。自動運転技術などで、将来的には需要があるからだ。ただ、国内ユーザーだけでは需要量が不足しており、量産までにかかる5兆円以上を賄えない。そこで、大手ファウンドリーとは異なるビジネスモデルを掲げる。大量生産ではなく、顧客に合わせて製品製造する「少量多品種」モデルで生産受託。さらに、「世界一短い製造時間(サイクルタイム)」(ラピダスの小池淳義社長)を特徴として、世界中に顧客を集めたい考えである。

経産省は今後、ラピダスを中心に「1年1兆円オーダー」で補助金を拠出する方針である。「ラピダスが軌道に乗れば、補助金を卒業する可能性もある。ラピダス自身として自立する必要があるからだ。ただ、進捗を見つつ最後まで支援する」。荻野室長はこう断言した。

2030年に、日本半導体の売上高3倍を目指す――。これは、経産省が2023年4月に掲げた目標である。2020年の国内半導体関連企業の売上高は約5兆円。この数字を10年で飛躍的に伸ばし、15兆円を達成したい考えだ。

この目標が現実のものとなる「ベストシナリオ」と、もくろみが外れる「ワーストシナリオ」はどのようなものか。経産省のロードマップと照らし合わせながら想定してみる。

まずは、ベストシナリオだ。この内容は、取材内容を基にしているが、筆者の想像や創作が多分に含まれている。あくまでフィクションとして読んでほしい。

2030年、ベストシナリオ

今は2030年。日本の半導体業界は活気を取り戻していた。

その第1の要因は、ラピダスのビジネスが軌道に乗ったことである。2027年12月末、ラピダスは2ナノメートル世代半導体の量産を開始した。

2ナノメートル世代という最先端半導体の量産への道は決して易しくなかった。ラピダスがまず本格的に協業したのは、IBMとベルギー・imecの2社である。両社にはそれぞれ数百人を派遣。最先端半導体の製造装置を扱いながら、2ナノメートル世代の製造ノウハウを獲得していった。

だが、製造ノウハウだけでは量産にはこぎつけられない。その量産ノウハウを持っているのは、微細化の第一線を行くわずかな企業のみ。この壁を越えるのに手を差し伸べたのは、意外にもインテルだった。インテルは2ナノメートル世代の半導体の量産技術を持つ世界の3社のうちの1社。TSMCやサムスン電子と並び、微細化競争の最前線でしのぎを削る。

インテルにとってのメリットは、ラピダスのビジネスモデルにあった。ラピダスは半導体メーカーから安価に試作を請け負う「シャトルサービス」から始動したからである。ラピダスでは、先端半導体の試作の受託や少量生産の受託を行う。ラピダスが手に負えない大量生産につなげる場合は、インテルのファウンドリーサービスに引き継ぐ。こうした連携で、ラピダスはインテルから量産ノウハウを得ることに成功した。

シャトルサービスは、少量の半導体チップを安価に試作することを目的とするウエハーの「相乗りサービス」である。シャトルバスのように複数の乗客を募り、半導体チップという目的地に向かう。

ユーザーとなる各社は、ファウンドリーが定めたスケジュールに従い、回路のレイアウトを期日までに渡す。ファウンドリーは1枚のウエハー上に複数ユーザーの回路を形成する。ユーザーにとってはウエハーを1枚買い上げなくても済むため、安価かつ短期間で半導体チップを入手できる。ラピダスにとっては、1枚のウエハーを造るごとに、複数の顧客から収入が得られるため、大量生産よりも高単価だ。加えて、チップ当たりの製造単価も、大量生産を求めるユーザーよりも高く値付けできる。

こうしたシャトルサービスは、これまでにもTSMCなどが請け負っていた。しかし、ラピダスのシャトルサービスは、試作だけでなく少量量産も請け負っている点が特徴的である。

1枚のウエハーを使って、複数ユーザーの半導体を量産できる。対象とするユーザーが求めるのは少量多品種だ。ユーザーからの受託数量に応じ、1枚のウエハー上の「乗客」数を調節する。

実は、インテルにとってラピダスと組むメリットは別にもある。それはラピダスの顧客企業が、インテルのチップのユーザーになってくれる可能性があることだ。ラピダスが始めた「異種チップ集積（ヘテロジニアスインテグレーション）」サービスにその理由はある。異種チップ集積ではまず、異なる機能のICチップを用意。これらを組み合わせて、新しい機能を持つ半導体パッケージを作り出す。

例えば、インテルが作ったプロセッサーチップや外部インターフェースチップ（I／Oチップ）、米マイクロンが作ったDRAMチップなどを組み合わせて基板に搭載。これを樹脂で固めて、あたかも1つのチップでつくられたかのような半導体パッケージにする。ラピダスが作る少量多品種品は、最先端のAIアルゴリズムなど、特殊な処理系が内蔵されたICチップである。インテルや英アームのコアが組み込まれた汎用のプロセッサーチップをこのパッケージに封入することで、AIチップの使いこなしが容易になる。汎用のプロセッサーによってLinuxやWindowsのような汎用OSやその上で動作する開発環境などが利用できるからだ。

汎用のプロセッサーチップやI／Oチップは大量生産品のため、インテルの工場で造られる。つまり、ラピダスのユーザーがチップを製造すればするほど、インテルで製造されたチップも売れていく。

シャトルサービスと、異種チップ集積を使ったパッケージ製造。このビジネスモデルでは、大量生産を担う従来のファウンドリーと競合しにくい。ラピダスはインテルと提携することで、同社の設計データを獲得。量産体制を整えられた。

ラピダスが日本半導体の新たな象徴となったことで、工場周囲の半導体村も発展していった。

北海道千歳市。新千歳空港から程近いラピダスの工場は「IIM-1（イーム1）」と名付けられている。2ナノメートル世代の量産を請け負う、日本で唯一の製造拠点である。隣には1ナノメートル台世代の製造を目指す「IIM-2（イーム2）」が建設され、現在試作フェーズにある。いずれも屋上が緑化されており、一見工場には見えない。

周囲に開発拠点を置くのは、東京エレクトロンやSCREENホールディングスのような国内企業だけではない。imecの研究施設やimecと関係の近いASML、IBM、インテルの拠点も置かれている。

ラピダスのシャトルサービスは、国内外で一定のユーザーを獲得した。AIを搭載したIoT（モノのインターネット）製品が普及し、少量多品種の需要が広がったからだ。加えて、国内の自動車メーカーは連携のしやすいラピダスに注文を集中させ、自動運転技術に向けた半導体を委託した。

ただ、先端半導体の設計は非常に困難である。この課題に対処し、ユーザーの裾野を広げたのが東大・黒田教授の施策だった。

黒田教授はラピダスと共に半導体量産を目指す研究機関LSTCの半導体回路設計技術

東京大学の黒田忠広教授（撮影＝加藤 康）

における責任者である。これまでも半導体の開発効率向上に向けた提言をしてきた。その黒田教授が中心になって進めたのが、コンピューターを使った自動設計である。

この技術は、具体的には「高位合成」と呼ばれ、ソフトウエア設計の動作記述でハードウエアを設計できる。自動設計では優秀な設計者が100点満点の設計ができるとすると、コンピューターが80点の設計をする。だが、自動化によって時間を短くできる。ソフトウエア設計者は半導体設計者よりも人口が多いことから、彼らを半導体設計者に転身させる妙案である。「今ある環境では80点の設計しかできません。その代わり、他社が100億円で1年半も必要なところを、1億円で1カ月という条件でできるようにしましょう」。こう提案し、ラピダスの量産に対応した設計支援を提供した。

北海道だけでなく、そこから遠く離れた熊本も半導体量産を進めていた。ＪＡＳＭの工場で出荷が始まったのは、２０２４年末。この工場を原動力に、シリコンアイランド九州は再び存在感を示し始めた。

九州が半導体産業で再始動できたのは、大学と半導体産業の流動性を高めたことが大きい。熊本大学は２０２４年４月、半導体デバイス工学課程を設置した[10]。ＪＡＳＭに入社する半導体人材の育成を見据えて設立したもので、ＪＡＳＭとの連携の下、先端半導体の製造を一から網羅し、研究できる。教授陣もＪＡＳＭの関係者や、半導体関連企業の出身者が多い。

この動向に九州大学や九州工業大学といった国立大学も追従した。追い風に乗るように半導体学科が設立され、人材育成が活発化している。日本全体で見れば、半導体人材は十分とはいえない。だが、着実に増えていることは確かだ。

ラピダスは「半導体人材の受け皿」として機能している。ＩＢＭやｉｍｅｃに派遣されたエンジニアは、ラピダスの主幹エンジニアになった。さらに、海外からラピダスに招へいされたエンジニアも多い。社員は彼らから得られたノウハウを基に、先端半導体の量産に関わる技術を身につけ始めている。かつての半導体黄金期を経験したエンジニアが若手社員にノウハウを伝授し、補完する。

ＴＳＭＣを筆頭にサムスン電子、そしてインテルが最先端半導体のシェアを握る状況は変わっていない。だが、日本は半導体装置・材料でいまだ強みを発揮している。半導体人材は増えていっている。光電融合技術は２０３０年、ＮＴＴの元でついに始動した。経産省の助成金も手厚く、期待が集まる。日本がこの技術で主導権を握り、新たなスタートラインでは先頭を走れる姿も見えてきている。

２０３０年のワーストシナリオ

２０３０年、日本の半導体産業に輝きは戻らなかった。

正確には、ステップ１は軌道に乗っている。ＪＡＳＭは車載向けやイメージセンサーでユーザーを獲得しており、世界にも半導体を輸出している。

失敗に終わったのはラピダスだ。理由は２つある。まず、量産ノウハウを得られなかった。製造ノウハウはＩＢＭやｉｍｅｃから獲得できた。だが、製造と量産は異なる。インテルなどとも交渉したものの、同社にとってはビジネスメリットがなく顧みられなかった。先端半導体の量産ノウハウを持つのはインテルを除くと、インテル以上にラピダスに協力するメリットの少ないＴＳＭＣとサムスン電子ぐらいである。自社で量産を試みたものの、あまりに時間がかかる。小池社長は２０３０年、度重なる量産延期の末についに断念した。

もう1つが、量産技術以前のビジネス上の問題だ。ラピダスは当初、2ナノメートル世代のチップを「少量なら高額でも欲しいユーザーがいる」という見込みで顧客を探した。だが、そうした顧客はほとんど見つからなかった。計画が見切り発車だったのだ。

千歳市のラピダスの工場はつくられたものの、半導体村はさびれていった。日本政府の方針で助成金が拠出されたことから、国内の半導体装置・材料メーカーが拠点を次々と建設した。だが、先端半導体の量産ができない以上、その役割は乏しい。

日本半導体復権に向けて、再度育てた半導体人材は、海外企業からのヘッドハンティングでどんどん流出を続けている。高給で先端装置を扱える海外ファウンドリーや半導体メーカーは非常に魅力的だからである。

結局、この半導体戦略は日本半導体にとって大打撃に終わった。――「ラストチャンス」はもう来ない。

これらのシナリオは、今ある情報から予測したものである。表に出ている情報は少なく、全く異なるシナリオもあり得る。だが、ラピダスの行く末が、日本半導体の将来を左右するのは間違いないだろう。

参考文献

1　中道理、「TSMC子会社にデンソー出資、日本で12／16nmFinFETも製造へ」、日経クロステック、2022年2月15日。https://xtech.nikkei.com/atcl/nxt/news/18/12240/

2　「第8回　半導体・デジタル産業戦略検討会議（改定案（抜粋・概要版）」、経済産業省、2023年4月。https://www.meti.go.jp/policy/mono_info_service/joho/conference/semicon_digital/0008/3gaiyou.pdf

3　「九州経済の現状（2020年版）」、経済産業省・九州経済産業局、2021年4月。https://www.kyushu.meti.go.jp/keiki/chosa/genjyo/genjo_2020cy.pdf

4　「TSMC Annual Report 2022」を参照。https://investor.tsmc.com/english/annual-reports

5　「第8回　半導体・デジタル産業戦略検討会議（改定案）」、経済産業省、2023年4月。https://www.meti.go.jp/policy/mono_info_service/joho/conference/semicon_digital/0008/4hontai.pdf

6　宇野麻由子、「東大とTSMCが大規模提携、日本に最先端プロセス半導体開発の光再び」、日経クロステック、2019年12月19日。https://xtech.nikkei.com/atcl/nxt/mag/ne/18/00001/00113/

7　「日米首脳会談、共同記者会見の要旨」、日本経済新聞、2021年4月17日。https://www.nikkei.com/article/DGXZQODE170UV0X10C21A4000000/

8　「日台、半導体供給網で協力　与党版2プラス2」、日経電子版、2021年12月24日。https://www.nikkei.com/article/DGXZQOUA137210T11C21A2000000/

9　経産省の「重要物資の安定的な供給の確保に関する制度」のWebページを参照。https://www.cao.go.jp/keizai_anzen_hosho/supply_chain.html

10　熊本大学の工学部半導体デバイス工学課程のWebページを参照。https://www.soi.kumamoto-u.ac.jp/

半導体人材が足らない

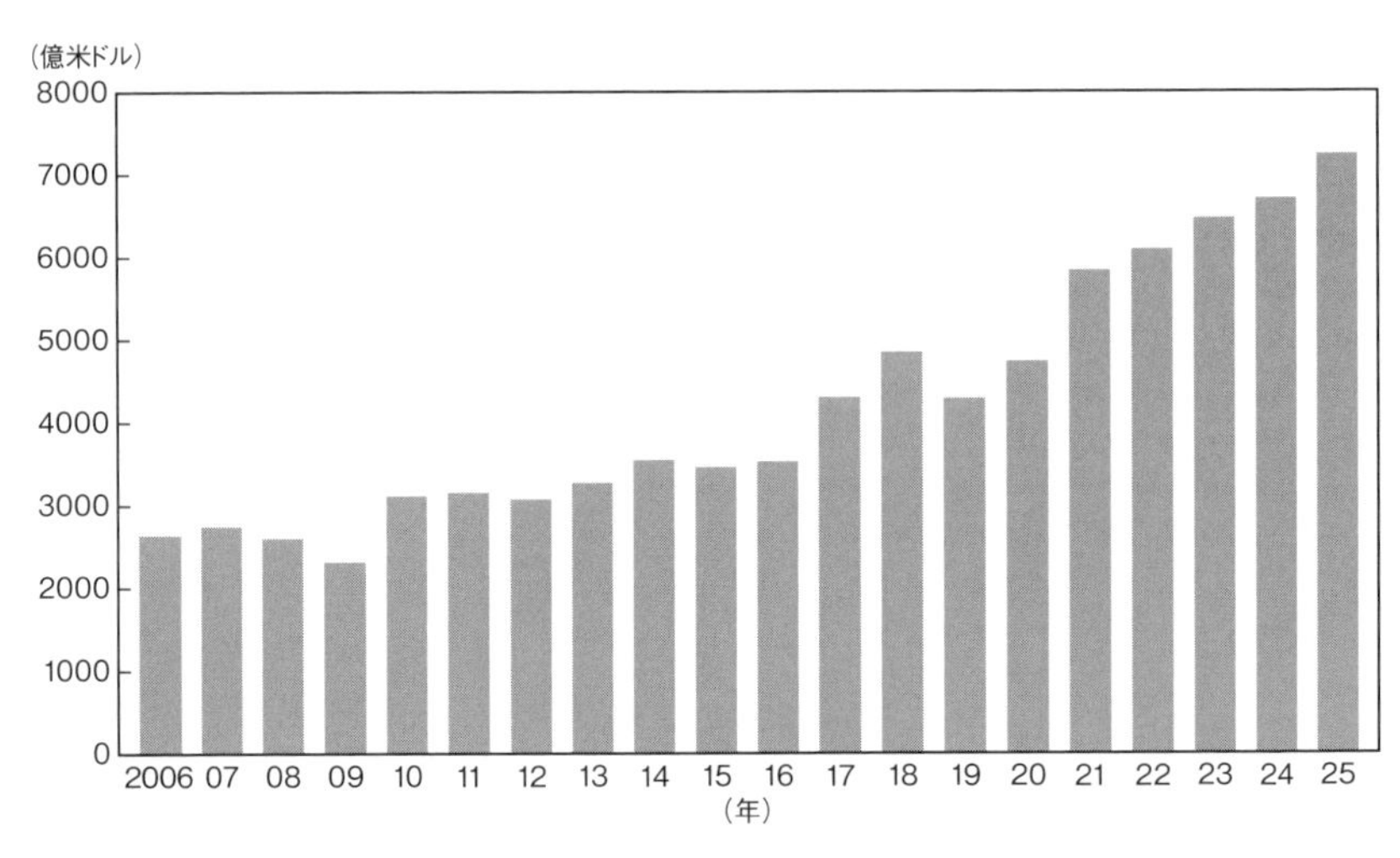

図A　増加を続ける半導体出荷(出所＝Omdiaのデータを基に日経クロステックが作製)

「こんなに半導体求人があるのは見たことがない。ものづくり系の業界内でも求人数が特に多く、圧倒的な伸び方だ」。半導体業界を専門とするリクルート ハイキャリア・グローバルコンサルティング2部1グループコンサルタントの高畑亜子氏は驚きを隠さない。

旺盛な求人に対して、半導体人材の不足は深刻だ。自動運転や、人工知能(AI)、高度医療といった用途の広がりから、今後も半導体市場は拡大していく(**図A**)。その需要に応えられるだけの人材が、今、日本にいない。政府の積極的な財政支援に加えて、海外人材の呼び込み、イノベーションを起こすような「突出した人材」を育てられる環境づくりが急務である。

実際、記者が半導体業界を取材してきた中で、「人材が足りている」という声を聞いたことは一度もない。むしろ、企業であれ大学であれ、人材不足の悲鳴を上げている。

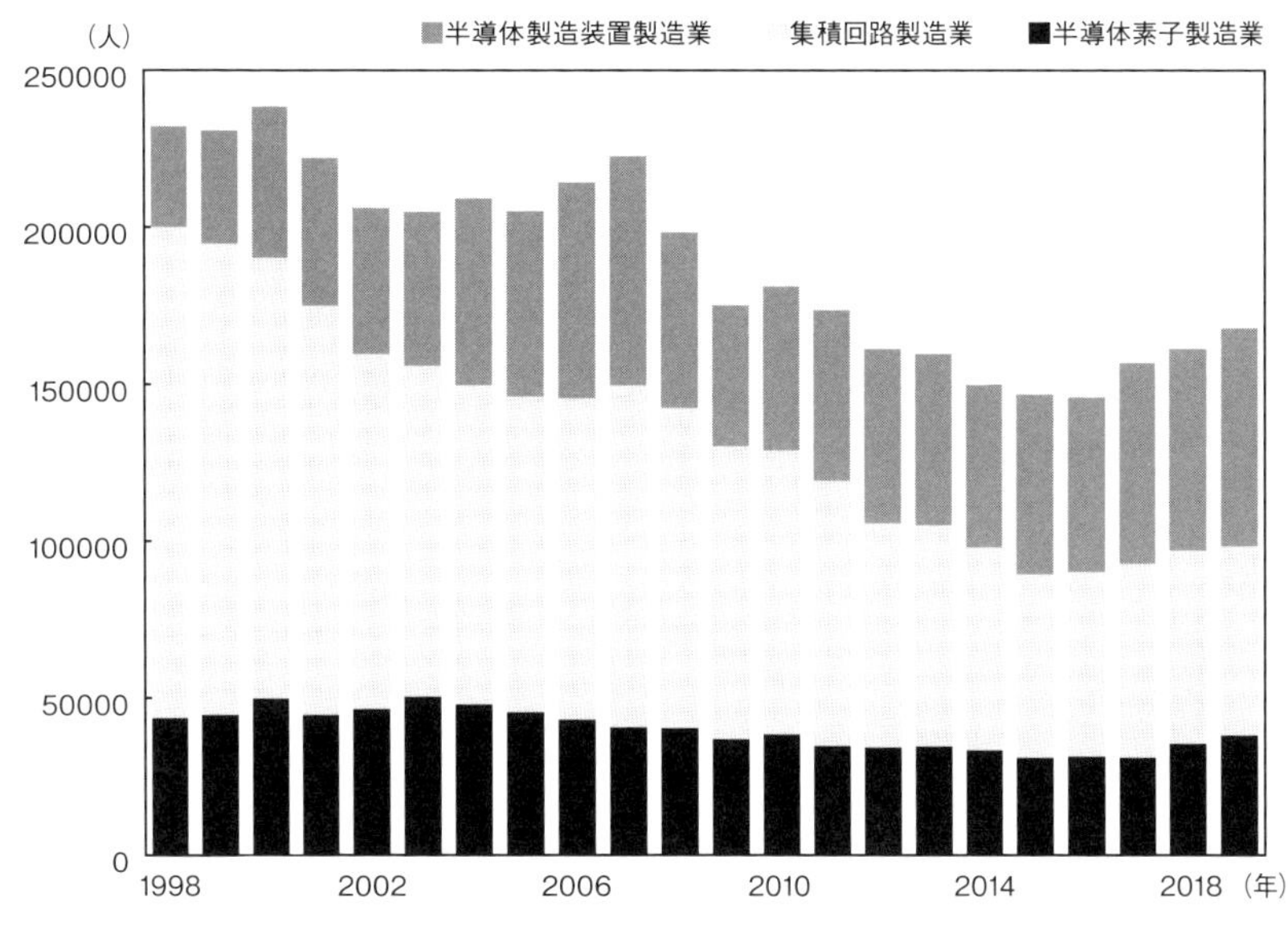

図B　減っていく日本の半導体人材(出所＝経産省のデータを基に日経クロステックが作製)

「2013年ごろから採りにくくなっている」と明かすのは、半導体装置大手のSCREENセミコンダクターソリューションズ ストラテジックエグゼクティブの荒木浩之氏。次世代技術とされる半導体の3次元実装技術でも「人材はいない」(ラピダス 専務執行役員 3Dアセンブリ本部長の折井靖光氏)。アカデミアからも、「半導体人材が一番足りないのは企業だが、大学でもその声は出てきている」(東北大学 国際集積エレクトロニクス研究開発センターの遠藤哲郎センター長)と明かす。

人手不足は少子高齢化の日本では当然ともいえる。しかも、1980年代をピークに日本の半導体産業は衰退の一途をたどっている。だが、今後を考えたとき、半導体の設計・製造能力が国際競争力にいっそう大きく関わる可能性がある。深刻に捉えて対策を練る必要があるだろう。

日本の半導体人材の実態をデータを使って俯瞰(ふかん)してみると、確かに減っている。経済産業省が毎年公

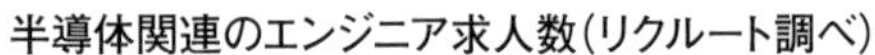

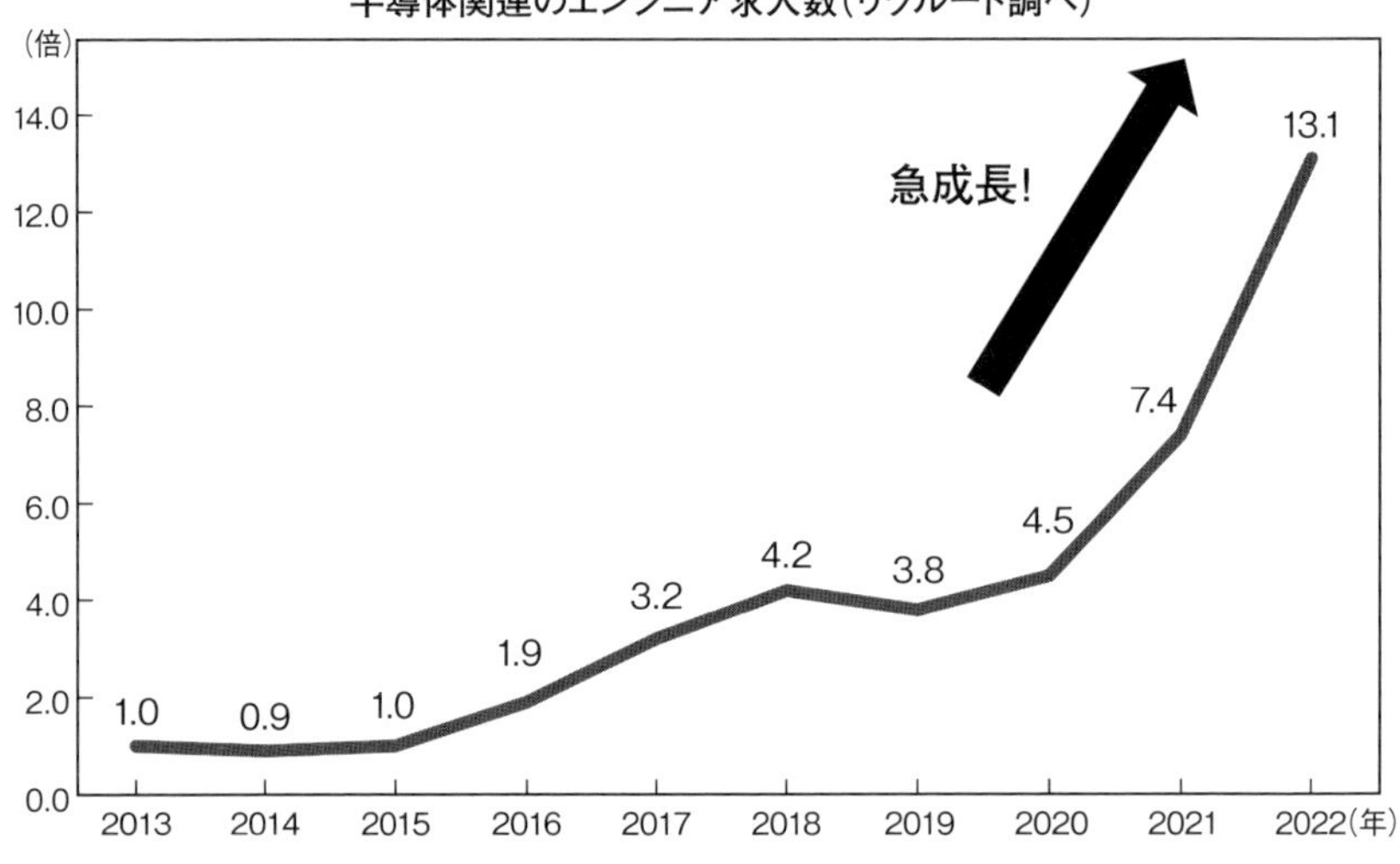

図C 「異次元」の半導体求人。2013年時点を1.0とした場合の求人数比の推移
(出所=リクルートの資料に日経クロステックが加筆)

表する工業統計調査によれば、1998年に約23万人だった半導体人材*1は、2019年には約17万人にまで減少した(図B)。

*1 「半導体人材」とは、ここでは集積回路製造業と半導体製造装置製造業、半導体素子製造業の従業員数を合わせた数のこと。半導体設計や半導体材料メーカーの従業員数は含まれていない。

その一方、同人材の需要は急速に伸びている。図Cに示すのは、リクルートによる半導体分野に関連するエンジニアの、2013年を基準とする求人数比である。2016年から求人数が倍増し、2021年には2013年時点の7・4倍、2022年にはさらに13・1倍という異常値を示している。

ここまで半導体人材が求められているのは、直近の伸びでは「半導体工場の建設ラッシュが大きい。地政学的リスクから、国内の製造基盤を強化する動きが加速しているからだ」とリクルートの高畑氏は分析する。

「半導体人材の求人数は今後、伸びが比較的緩やかになるものの、増えていく。一方で応募数は伸びにくくなるだろう。このような状況で、人材の取り合いが既に起こっている」と高畑氏は述べる。

半導体工場は大規模な場合、数千人単位で人材が必要になる。世界規模での人材の取り合いの中で、日本人エンジニアは「勤務態度が良く、才能がある」（TSMCデザイン&テクノロジープラットフォーム シニア・ディレクターのリースー・ジャン氏）。さらに、育成・雇用にかかるコストが（円安の状況下で）海外から見て相対的に安い。つまり、垂涎（すいぜん）の的だ。

このような状況下で、中長期的に半導体業界に人を呼び込むために、国内外の人材に対して魅力的な環境をいかにつくり出せるかが重要になる。

では、人が集まる魅力的な環境とはどのようなものか。「3つの要素がある」と話すのは、東北大学の遠藤センター長である。すなわち、（1）潤沢なキャッシュフロー、（2）人材教育に適した指導者、（3）魅力的な研究テーマ——である。「日本は他国に比べると予算は少ない。指導者はかろうじて残っている。研究ネタもある」（同氏）と現状を分析する。

まず、（1）日本の半導体関連予算は明らかに不足している。自由民主党の甘利明氏が会長を務める半導体戦略推進議員連盟は、「10年で官民合わせて10兆円規模の追加投資が必要」としている。サムスン電子を擁する韓国はどうかといえば、2021年に、今後10年間で510兆ウォン（1

ウォン＝0・11円換算で約56兆円）を半導体に投じると発表している。米国は「the CHIPS and Science Act（CHIPS法）」に基づき、2800億米ドル（1米ドル＝133円換算で約37兆2400億円）を投じる。

対して、（2）指導者は「（日本の半導体黄金期である）1980年代に業界にいた60～70代が残っている。この層は体力を考えてもラストチャンス」（遠藤氏）。（3）研究テーマは、半導体の構造が変革期にあり、新しい芽が生まれやすい流れがある。

優秀な指導者が残っている今のうちに若いエンジニアを十分育てられれば、日本の半導体業界にも明るい未来がある。実際、後工程の次世代技術である3次元実装（3Dパッケージング）などでは日本が強みを発揮している。あとは予算を早急かつ適切に増やせれば、人材は育っていく可能性が高まる。

では予算が確保できたとして何をすべきか。〔1〕大学や高等専門学校、高校での半導体教育の拡充、〔2〕海外人材の呼び込み、〔3〕突出人材を生みやすい環境づくり――が必要だ。

〔1〕半導体教育の拡充としては、半導体学科の設立や大学・企業間のより柔軟な交流が必要だろう。例えば、台湾では半導体学科が複数の大学に設置されている。国立台湾大学には半導体を専門とする大学院「重点科技研究学院」があり、国立清華大学（新竹市）には「半導体研究学院」がある。半導体分野での高度人材確保に向けており、TSMCなどの産業界と密接に関わりながら、次世代技術を研究できる。

半導体が国家事業といえる台湾と日本を単純に比較はできない。とはいえ、文部科学省が旗振り役になって大学など研究教育機関に半導体学科を設立していく動きがあれば、高度人材の確保に向けられる。半導体企業の研究者が柔軟に大学などの研究機関に転職できるような体制も求められるだろう。

〔2〕海外人材を呼び込みやすくする施策も欠かせない。日本で人材を育てられたとしても、その数や知識が十分でないだろう。例えば、2019年時点では、半導体素子製造業の従業員は約3万8000人にすぎない。1つの工場（ファブ）で数千人単位の大学卒業程度の人材が必要と考えると、到底足りない。しかも、日本には今の最先端の工場を知る人材が決定的に欠けている。

海外企業や研究機関のようにサラリーで報いることができないのであれば、遠藤氏の提言する「魅力的な研究テーマ」がひとまずのインセンティブになり得る。実際、国内人材の例ではあるものの、半導体関連のエンジニアは「給料向上の目的もあるが、最先端の技術に関わりたかったり、業界でのシェアを握っている企業に行きたがったりする」（高畑氏）。そのような状況で、3次元NAND型フラッシュメモリー[*2]や3次元パッケージングなどの革新的な技術が生んだ土地としての日本をいかに見せていけるかが鍵になりそうだ。

*2　3次元NAND型フラッシュメモリー（3D NAND）は、大容量データの記録に向いたNAND型フラッシュメモリーの一種で、3次元構造のため専有面積を広く取らない特徴を持つ。東芝の発明であり、東北大学の遠藤氏も、発明者の1人である。

〔3〕0から1を生み出せる革新的な人材については、「良い環境を与えるだけで十分」と遠藤氏は語る。「エリート教育を順当に歩んできた優等生は教科書の基本を教えれば優れたエンジニアになる。だが、突出した人材は通常のエリート教育からは外れている場合が多い。他分野出身だったり、常識から外れている人だったりする。こういう人材を許容できるゆとりがなければならない」（同氏）。他分野の人材を積極的に受け入れ、ある程度「放任」するゆとりが求められる。

〔1〕で述べた半導体学科に関しては、熊本大学で興味深い動きがある。TSMC工場誘致を受け、2024年度に「半導体デバイス工学課程」（仮称）を設置する予定だからである。政府としてはこうした動きを積極的に支援する動きが今後求められるだろう。

人材育成に関して、政府は方策を打ち出してはいるものの、中途半端で中身が伴っていない印象が拭えない。岸田文雄首相は「（岸田内閣の）成長戦略の4つの柱を実現するに当たり最も重要な要素は半導体だ」と述べ、半導体を国家戦略の中核に据える考えを見せる。血の通った本気で具体的な人材育成支援策を打ち出していかなければならない。

3 死んだ自由貿易

TSMCのロゴ（撮影＝日経クロステック）

「世界の大きな変化を目の当たりにしています。地政学的情勢の大きな変化です」（モリス・チャン氏）

２０２２年末、米国アリゾナの州都フェニックス。州都といっても、中心から少し外れると一面の荒野が広がる。そんな寒風吹きすさぶ土地に、米国を支える大物たちが集結していた。彼らの視線の先にあるのは、果てしないほど広大な建設現場である。

ここは台湾積体電路製造（ＴＳＭＣ）の工場建設予定地。２０２４年の生産開始を見据え、大量の工事車両が行き交う[1]。

４ナノメートル世代、そして３ナノメートル世代の最先端半導体を米国で量産する――。その野望をかなえられるのは、今や世界でもＴＳＭＣや韓国サムスン電子、米インテルのような会社に限られていた。先端半導体の量産で世界の約9割を占める台湾は、米国にとって頼みの綱である。先端半導体の確保は国力に関わる。米国政府の強力な後押しの下、激烈な政治的駆け引きを経て実現した計画だった。

式典の登壇者や出席者を見れば、その注目度合いは一目瞭然だった。TSMCと関係の深い半導体ユーザー企業は勢ぞろいしている。米アップルのティム・クックCEO（最高経営責任者）や、米エヌビディアのジェン・スン・フアンCEO、米半導体大手アドバンスト・マイクロ・デバイスズ（AMD）のリサ・スーCEOなどだ。

大物ゲストたちによるスピーチは、それぞれの立場を如実に表していた。際立ったのが、対照的ともいえる米国側と台湾側での違いである。米国側の参加者は明るい未来を前に浮足立っているのに対し、台湾側の参加者の顔にはどこか陰りがあった。

TSMCによる米国先端工場の設立は、米国にとって国内産業のさらなる発展を予感させるものだった。米国の巨大IT企業トップからの発言は、TSMCとさらに密に連携しながら、技術開発を加速できるという期待が込められていた。

だが、TSMCにとっては、希望ではなく、「むりやり米国に工場をつくらされた」感が強い。米国は工場建設コスト、人件費など何もかもが台湾より高いからだ。

米国に多くいるTSMCの大口顧客たちは、台湾への半導体製造の依存を脱却したい狙いがあった。この弱点を克服するため、台湾にとっては「門外不出」だった最先端半導体工場を米国につくるよう要求した形である。

中国が台湾侵攻をにおわせてけん制したり、実際に台湾有事が起こったりしても、米国に安定的に半導体を量産できる工場があれば強気に出られる。そこで米国は、政治的策略と財政で解決に持ち込んだ。


米国側のスピーチでは、米国を代表する人物が喝采をさらった。ジョー・バイデン第46代米国大統領だ。

「ここは明確にしておきたい。我々のつくる強固な半導体サプライチェーンには、同盟地域やパートナーたちが協力してくれている」。バイデン大統領は、台湾との関係性をまず示した。「思い出そう、我々はアメリカ合衆国（ユナイテッド・ステーツ・オブ・アメリカ）だ。我々が団結すれば不可能はない」。「団結」を意味するユナイテッドにかけた表現でスピーチを締めると、万雷の拍手が会場に響き渡った。

次の日、同じ壇上に白髪の男性が上がった。記念式典に出席した関係者は一気に静まりかえった。半導体や政府の関係者が集まる会場で、この男性を知らない人はいなかっただろう。モリス・チャン氏は、現在につながる半導体の一時代を築き上げた人物だ。チャン氏はTSMCを創業し、ファウンドリーというビジネスモデルをつくり上げた。

チャン氏はここで、米中摩擦という厳しい時代をえぐる発言をした。

「グローバリゼーションは死にました。自由貿易はほぼ死にました。多くの人々が元に戻ることを望んでいますが、私はもう戻ることはないと思います」[2]

チャン氏の述べる「グローバリゼーション」とは、台湾で量産し、米国や日本、韓国、欧州、そして中国のような国に輸出する従来のビジネスモデルを指す。自由貿易は、ビジネスメリットを得るために、自由に他国と貿易できる状態のことである。

ここ、フェニックスで量産するのは最先端の4ナノ／3ナノメートル世代の半導体である。これまでTSMCは、先端品を台湾で量産していた。数ナノメートル世代のような最先端品については、他国での量産は前例がない。

2023年5月時点では、TSMCが半導体を量産している地域は限られている。同社の2022年におけるウエハー生産能力は年間1500万～1600万枚（12インチ＝約30センチメートル換算）。そのうち、ほとんどを本拠地がある台湾で生産する[3]。海外量産拠点は計4拠点。TSMCの子会社が経営する拠点として、中国・南京や上海、米国・ワシントンという計3工場を持つ。

TSMCはこれまで、例えば28ナノメートルプロセス以降の先端半導体は台湾で量産していた。海外で先端半導体を量産するビジネスメリットがほぼ存在しないからだ。だが、米中摩擦が合理的でない状況をつくり上げた。

チャン氏はこの日、1995年に計画したワシントンのTSMC工場を振り返った。「（米国工場の建設によって）私の夢はかなえられたかのように思われました」。チャン氏は

1931年、中国・浙江省の生まれである[4]。18歳で渡米し、米ハーバード大学に入学。米マサチューセッツ工科大学を経て、米半導体大手テキサス・インスツルメンツ（TI）に入社した。その後、副社長にまで上り詰めた後、台湾に渡った。このような経歴を持つチャン氏にとって、縁のある米国での工場建設は「夢」そのものだった。

「ですが、まずコストの問題に直面しました。次に人材、文化の違いという問題に当たりました。夢は悪夢へと変わったのです。悪夢からの脱出は数年かかり、私は夢を延期することにしました」

米国は、台湾と比べて物価がかなり高い。工場の建設費用も莫大である。例えば、フェニックスの4ナノ／3ナノメートル世代工場は、計400億米ドル（5兆3200億円、1米ドル＝133円換算）を見込む[5]。台湾イザヤ・リサーチの半導体アナリスト、ルーシー・チェン氏によれば、「米国は台湾に比べて、少なくとも5～8％製造コストが高くなります。特に設備投資コストは2～3割増です」という。

人材の問題は、フェニックスの工場でも目下の課題になっている。現地の人材確保は難航しており、「米国は台湾に比べ製造業に望んで入る人が少なく、優秀な人材を大量に確保するのが難しい」（同氏）。少数の優秀な人材を得ようとしても、GAFAM（グーグル、アップル、メタ（旧フェイスブック）、アマゾン・ドット・コム、マイクロソフトから成る巨大IT企業群）やインテルのような会社との激しい獲得合戦が起こる。

「TSMCのエンジニアは、米国よりも熊本工場が建設中の日本に行きたがります」。チェン氏はこう話す。台湾から派遣できるエンジニアの数は限られているが、文化の違いから米国に行きたがらない従業員も多いという。日本は米国よりも渡航しやすい距離の近さにあり、文化的にも近いために生活しやすい。物価も安い。

TSMCにとって米国への工場建設メリットはほぼないことが分かっていた。チャン氏はそれをスピーチでもあえて強調し、米国側をけん制した。だが、TSMCの「私物化」を望む米国には、アップルやエヌビディア、AMDのような大口顧客がいる。彼らの要望はむげにできない。

台湾と米国の関係性もある。米国にとって台湾の存在が重要であればあるほど、中国に対する庇護(ひご)者としての役割が期待できるからである。結局、米国政府が新工場の設備投資費用の多くを助成すると決定したことで、TSMCは重い腰を上げた。

今、TSMCや半導体のシェアを握る各国の企業は自由に貿易ができなくなっている。例えば、中国には先端半導体に関する技術を輸出できない。

それは台湾だけではない。日本の半導体装置メーカーや材料メーカー、オランダの装置メーカーも同様である。この状況をチャン氏は「自由貿易はほぼ死んだ」と痛切に表した。「グローバリゼーションの時代は去り、自地域での生産が今の最優先事項になっています」。こう同氏が述べるように、世界の半導体サプライチェーンは変貌を遂げつつある。

今や半導体は「国家のコメ」としての一部品ではない。国力を占う戦略物資である。

米中の新たな冷戦では、半導体が主役の1人だ。先端半導体が確保できるかどうかで、国家の軍事力が左右される。ただ、この冷戦で縄張りを争うのは先端半導体という物ばかりではない。台湾という地域もその1つである。台湾という、九州とほぼ変わらない大きさの島がなぜ「半導体の最重要プレーヤー」になったのか。チャン氏こそ、その理由である。

「半導体王国」の誕生

1987年、台湾。TSMCはこの年、台湾当局の全面的な後押しの下に設立された。同社は「ファウンドリー」と呼ばれる新しいビジネスモデルを打ち出しただけではない。それから30年以上がたち、ファウンドリー群雄割拠の時代でも、同市場の第一線を走っている。台湾の命運を左右するまでの存在になったのは、半導体業界の時流をつかめたからだ。

今では「半導体の巨人」になったTSMC。だが、当初からその革新的なアイデアを糧に成功をつかんでいたわけではなかった。最初の主な仕事は、世界の落ち穂拾いである。

1987年は日本や米国、そして業界新興の韓国が、半導体を巡り激しい競争を繰り広げていた。

当時、世界で独走するのは日本だ。半導体といえば「DRAM」と呼ばれるメモリー製品が主流のこの時代。大型コンピューターや電卓、デジタル時計などに使われていた。日本はＤＲＡＭの世界シェアを握っており、１９８６年にはその８割を占めていた。その後を追うのが米国や、米国企業の支援を受ける韓国だ。

米国企業は、日本への勝ち目が見えないＤＲＡＭからは早々に撤退。来たるパソコン時代をにらみ、中核半導体であるＣＰＵ（中央演算装置）「マイクロプロセッサー」に市場の軸足を移した。

韓国のサムスン電子は、ＤＲＡＭ市場で日本を出し抜くことを狙う。日本よりも品質は劣るものの、低価格を前面に出して市場に乗り出した。

結果、１９９０年代に半導体業界で勝利を得たのは、米国と韓国だった。ＩＢＭが１９８１年に発売したパソコン「ＩＢＭ ＰＣ」が爆発的にヒットし、パソコンの時代が到来したからだ。インテルはマイクロプロセッサー市場で圧倒的な地位を確立することに成功。半導体出荷量で世界首位を取り戻した。

日本は韓国にも大敗を喫した。半導体需要がパソコンに集中したこの時代では、日本企業の製品は品質過剰で、コストが高かった。当時のサムスン電子のＤＲＡＭは品質では劣っていたものの、安価が特徴だった。ＤＲＡＭ市場での日本の独走は終わりを告げ、１９９８年には韓国に首位を明け渡した。

１９９０年代は、あらゆる意味で半導体業界の転換期だった。代表的なのは、パソコンの普及と水平分業化の加速である。日本半導体はそのいずれにも判断が遅れ、没落が始まることとなる。

一方、日本の隣・台湾では、新時代の寵児が頭を巡らせていた。

「この状況で、台湾に半導体での勝ち筋はあるか」

チャン氏は悩んだ。米国から台湾に降り立ったのは1985年。台湾の政治家・李國鼎氏からの熱烈なスカウトを受けた形だ。

それまで農村が広がっていた台湾はこの時、劇的に生まれ変わろうとしていた。後に「台湾の奇跡の父」と呼ばれる李氏のような人物の下、電子立国を果たそうとしたのだ。李氏にはもくろみがあった。TI副社長として剛腕を振るったチャン氏であれば、台湾を「農村が広がる田舎」から「半導体の島(シリコン・アイランド)」に変貌させられるかもしれない。

だが、台湾の半導体は当時、技術開発でも、IC設計でも、IP(設計データ)でも他国の後塵を拝していた。正攻法で勝負を仕掛けても、日本や米国にはかなわない。最後に残った選択肢が「半導体の量産」である。消去法だった。

ただ、チャン氏には画期的なアイデアがあった。「ファウンドリーモデル」である。米国や日本、世界中から半導体量産を受注し、最終製品は顧客が販売する。チャン氏は実はTI時代から、このアイデアを温めてきていた。

それまでの半導体量産は、ＩＤＭ（垂直統合型デバイスメーカー）のビジネスモデルが常識だった。１社で半導体の設計・製造・量産・販売までを完結させる。半導体は電化製品の核となる部品である。日立製作所や東芝のような会社は、自社で開発・販売する電化製品に自社製の半導体を組み込んでいた。だが、自社での量産は、不測の事態が生じた場合には安定性を保てなくなる。そこで、ＴＳＭＣのようなファウンドリーが助けになる――というわけである。

ＴＳＭＣは設立当初、ＩＤＭのおこぼれをもらっていた。当然、量産するのは先端から一歩遅れた半導体だ。旧世代の製造装置で作れる範囲が中心だった。さらに、半導体メモリーやマイクロプロセッサーではなくロジック半導体の量産を受託することを選んだ。

半導体メモリーやマイクロプロセッサーは汎用性があり、同じ製品をさまざまな電化製品に組み込める。大量生産向きだ。だが、同社の規模では多額の投資が必要な量産ラインは準備が難しい。ロジック半導体は当時、少量多品種が特徴的だった。電化製品の頭脳であり、用途によってさまざまな種類を用意するからである。

この選択は結果的に成功だった。パソコンやその周辺機器でロジック半導体が重要になったからである。２０１０年代にはスマートフォン（スマホ）の普及、さらに５Ｇ（第５世代移動通信システム）関連技術や自動運転技術によってその需要は拡大し続けた。

独走するＴＳＭＣ

ファウンドリーというビジネスモデルは、１９９０年代以降の時代が求める存在だった。すなわち、ＩＤＭから水平分業型への転換である。

パソコンが半導体の微細化をけん引したことで、技術進歩が急激に加速した。むしろ進みすぎたことで、高性能な半導体製造装置をそろえるために多額のコストが必要になってきた。十分な資本のない会社にとっては、１社で半導体製造を賄うのが難しい。

ファウンドリーへの量産委託は、この意味で利点が大きい。まず、半導体メーカーはファウンドリーを自社工場のように扱うことで、設備投資のコストを抑えられる。ＴＳＭＣは初め赤字であっても、次第に規模を拡大することで規模の経済（スケールメリット）を実現。大量生産によって、ウエハー１枚にかかる製造コストを下げられる。しかも、投資の回収が終わった最先端でない工場でも受託生産を続けることで、ここでも利益を上げ、新技術に向けて投資できる。

ＴＳＭＣ独自の特徴もある。現在でもサムスン電子やインテルにない、大きな利点。それは、専業ファウンドリーであることである。

専業ファウンドリーが手掛けるのは、半導体の量産である。ＩＣチップの製品化や販売には関わらないため、顧客と競合関係にならない。

例えば、サムスン電子のファウンドリー事業で大手顧客である米半導体大手クアルコムは、同時に競合関係でもある。両社ともにスマホのアプリ稼働に欠かせないアプリケーションプロセッサー（AP）を開発しているからである。

インテルは2021年から、それまでの自社製造から方針を切り替え、ファウンドリー事業を本格的に開始した。同社の主力はなんといってもパソコン向けマイクロプロセッサー「コア」シリーズだろう。従来取り組んでいたスマホから、パソコンへの浸食を進めるクアルコム。さらに、同じパソコン向けプロセッサーを製造するAMDとは競合関係にある。

「フレネミー（味方でも敵でもある存在）」とのビジネスはお互いに情報共有が慎重になる傾向がある。ファウンドリー部門と最終製品部門の間にはファイアーウォールがあり、情報は流れない。それでも、情報漏えいはアイデアの盗用やコスト競争での不利につながるかもしれないという疑念が働く。

専業ファウンドリーであればこの心配はほぼ不要だ。TSMCは顧客と常に協力関係にあり、連携しながら最先端の半導体を開発できる。

TSMCは専業ファウンドリーと低コストを全面に出したことで、次第に顧客を増やしていった。並行して広がったのが、ファウンドリーや工場を持たない「ファブレス」のビジネスモデルである。ファンドリーが普及した現在ではファブレスは普及しており、例えばクアルコムやエヌビディアがその代表例である。

ファブレスであることの大きな利点として、半導体設計に注力できる点がある。微細化が進む中で、設計はだんだんと複雑化していた。加えて、市場投入までの期間も短くなっていったことで、設計にコストを投入できる状況をつくれることは理想的だった。

日本では、ファブレスへの移行は遅れた。「生産の外部委託はリスクが大きい」。NEC幹部は1998年、半導体業界誌『日経マイクロデバイス』の取材に対してこう回答している[6]。日本企業の多くは、外部委託によって自社の競争力が低くなることを危惧し、IDMに固執していた。だが、時代は確実に水平分業に進んでいく。

1990年初頭、半導体量産に続き、設計の水平分業化も始まった。再利用可能な電子回路の設計データ、すなわち「IP」の登場である。パソコンの普及などにより微細化が加速し、ICチップの設計は人手では手に負えなくなりつつあった。大量のトランジスタが含まれる回路設計には効率化が求められる。既存の設計データを流用できれば、開発コストを抑えながら短期間で回路設計できる。

水平分業の中で、TSMCは強固なエコシステムを形成していった。ICチップの設計はファウンドリーだけでは足りず、IPベンダーや設計支援(EDA)ツールベンダーとの連携が欠かせないからだ。ファウンドリーが作るトランジスタに対応した設計によって、半導体製品は初めてできあがる。TSMCは連携プログラムやパートナーシップをいち早く構築し、情報の積極的な公開によってTSMCと協業しやすい仕組みを作った。

ファウンドリーとＩＰベンダー。この2業種の登場によって、半導体業界に新たな構図が生まれた。高機能なＩＣチップを低コスト・高効率に製造する構図である。半導体メーカーがＩＣチップを設計し、ＩＰベンダーがＩＰを提供。ファブレスメーカーが独自の回路と、購入したＩＰを活用して回路設計する。この回路を基に、ファウンドリーが量産していく。1社のみの場合と比べて、それぞれが自らの強みを生かしながら開発を加速できる。

ＴＳＭＣは強固なエコシステムの下、顧客を世界中に広げていった。２０２３年時点では「５００社以上の上顧客」（チェン氏）を抱えている。少量多品種を請け負っていた当初から、ロジック半導体の需要拡大に伴い大量多品種に対応できるようになっていた。

ファウンドリーは顧客が増えれば増えるほど、正の循環が起こる。まず、複数顧客を相手にすることで、製造装置の稼働率が上がる。そのため設備投資費を短期間で回収でき、最先端の製造装置の投資に回せる。

さらに、さまざまな顧客のチップ製造を通して製造システムを継続的に改善できる。ＴＳＭＣは大量生産を担うため、先端半導体の製造ノウハウも大量に蓄積されていく。トランジスタの歩留まり（良品率）と性能を向上しやすい。

過酷な微細化競争

微細化競争が加速すると、それまでなんとか先頭集団に食らいついていた日本企業も淘汰されるようになった。微細化を進めようとすると、新規投資が必要になる。だが、その投資に応えられる需要を自社でつくり出すのは困難だったからだ。

最先端の半導体を必要とするパソコンやサーバー、スマホでは、他国に後れを取っていた日本企業の出る幕はほぼなかった。競争に最後まで残ったのは、ＴＳＭＣとサムスン電子、インテルの３社だった。

２０００年代初期では、最先端プロセスは90ナノメートルだった。世界中の半導体企業が開発し、計18社が量産。日本企業もセイコーエプソンやソニーグループ、富士通、東芝などが並ぶ。

45／40ナノメートルになると、日本企業は富士通、東芝、ルネサス エレクトロニクスの3社に減る。これが22／20ナノメートル世代ではＴＳＭＣやサムスン電子、インテル、米ファウンドリーのグローバルファウンドリーズ、中国・中芯国際集成電路製造（ＳＭＩＣ）と減少した。グローバルファウンドリーズは7ナノメートル世代で開発に失敗したことで、ついには3社にまで絞られるようになった。

２０２３年時点では、先端半導体を量産する会社は軒並みファウンドリー事業を手掛ける。だが、歩留まりで独走するのはＴＳＭＣである。

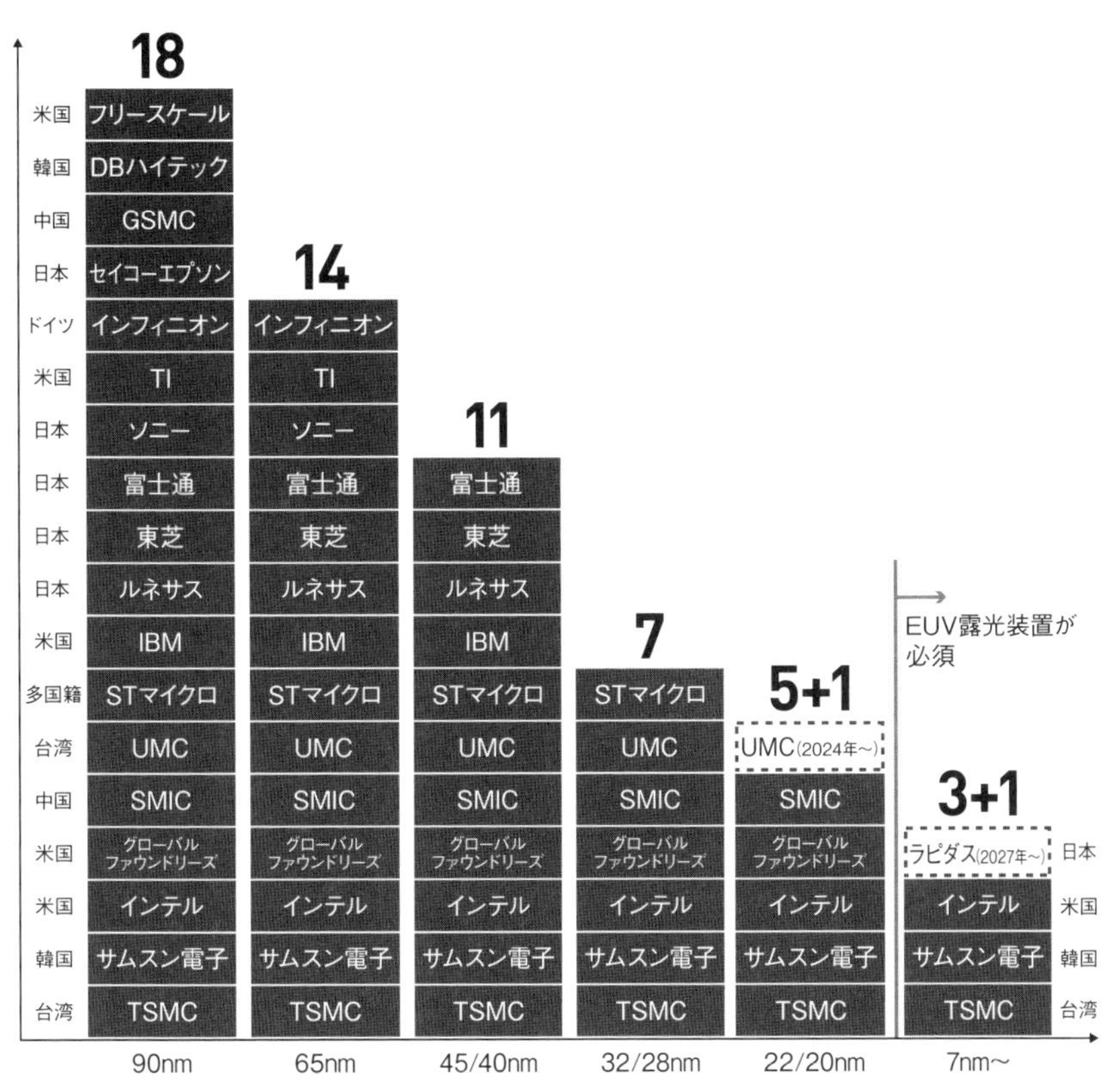

微細化によって淘汰されていくプレーヤー(出所=TSMCの資料や各種取材を基に日経クロステックが作製)

例えば、TSMCの7ナノメートル世代について比較してみよう。このプロセスの半導体を使うエヌビディアのGPUは、歩留まり率が7割台と高い。エヌビディアは類似製品として、サムスン電子の8ナノメートル世代を使ったGPUも販売している。同製品は歩留まり率が最大でも67%である。インテルはさらに低い。類似世代「Intel 7」搭載GPUは最大45%にすぎない。TSMCは他2社よりも2年程度、技術的に先を進んでいるというわけだ。

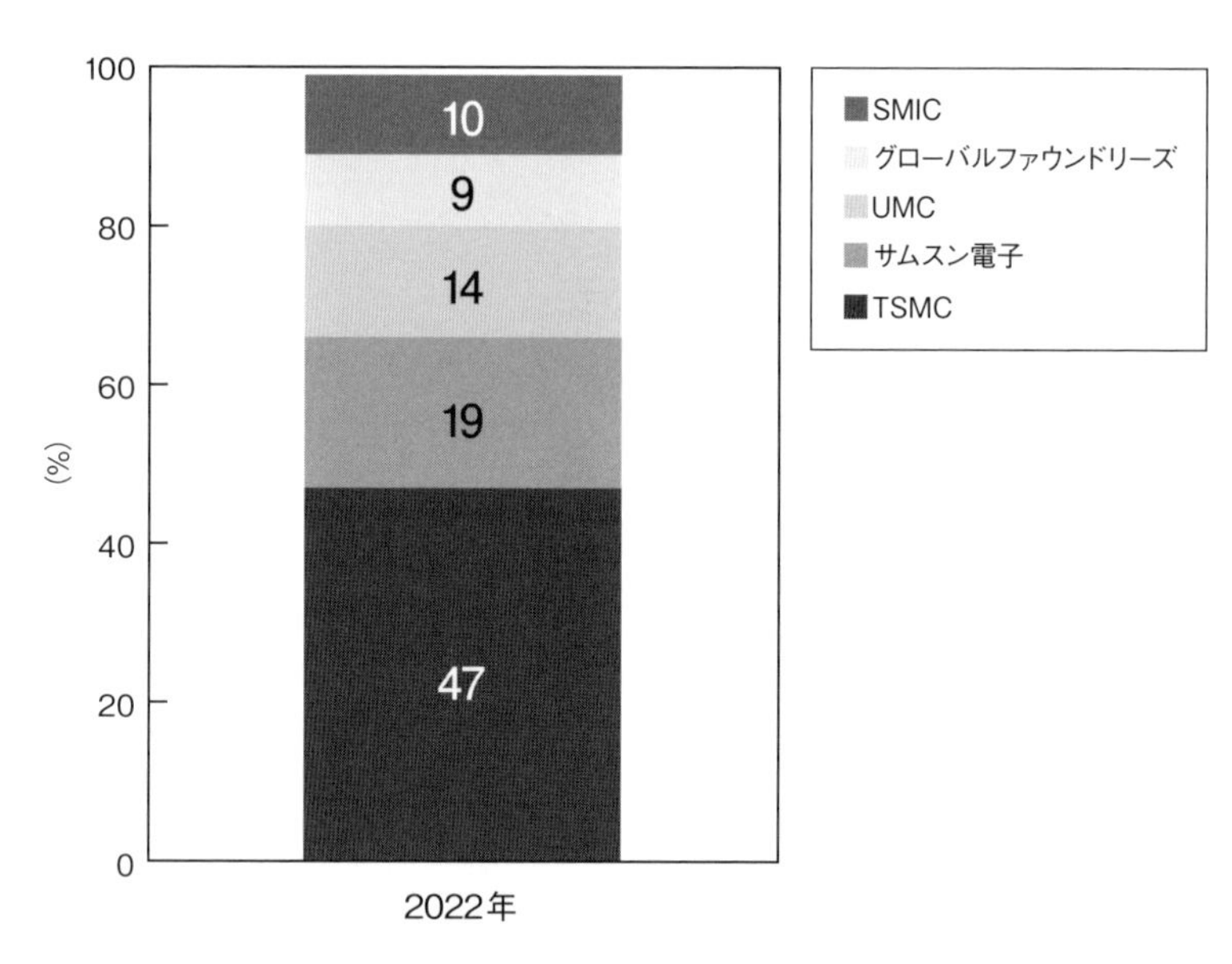

2022年時点のファウンドリー供給能力上位5社。TSMCとUMCの台湾2企業が約6割を占める（出所＝イザヤ・リサーチの資料を基に日経クロステックが作製）

地政学的リスク分散へ

今、ファウンドリーの世界市場での台湾企業のシェアは約6割に上る（2022年時点、台湾イザヤ・リサーチ調べ）[7]。TSMCが前端の約半分を占め、台湾のファウンドリーUMCも14％と貢献する。

10ナノメートル世代以降のいわゆるロジック半導体（先端品）では、台湾の存在感はさらに顕著だ。世界シェアで約9割とほとんどを占める。つまり、台湾有事のような事態が起これば、世界の半導体サプライチェーンは数年間寸断される恐れがある。

この状況で、TSMCの海外拠点戦略は加速している。世界中の顧客が海外展開を望み、米国や日本など各国の政府が財政的に後押ししているからである。TSMCの顧客層は、

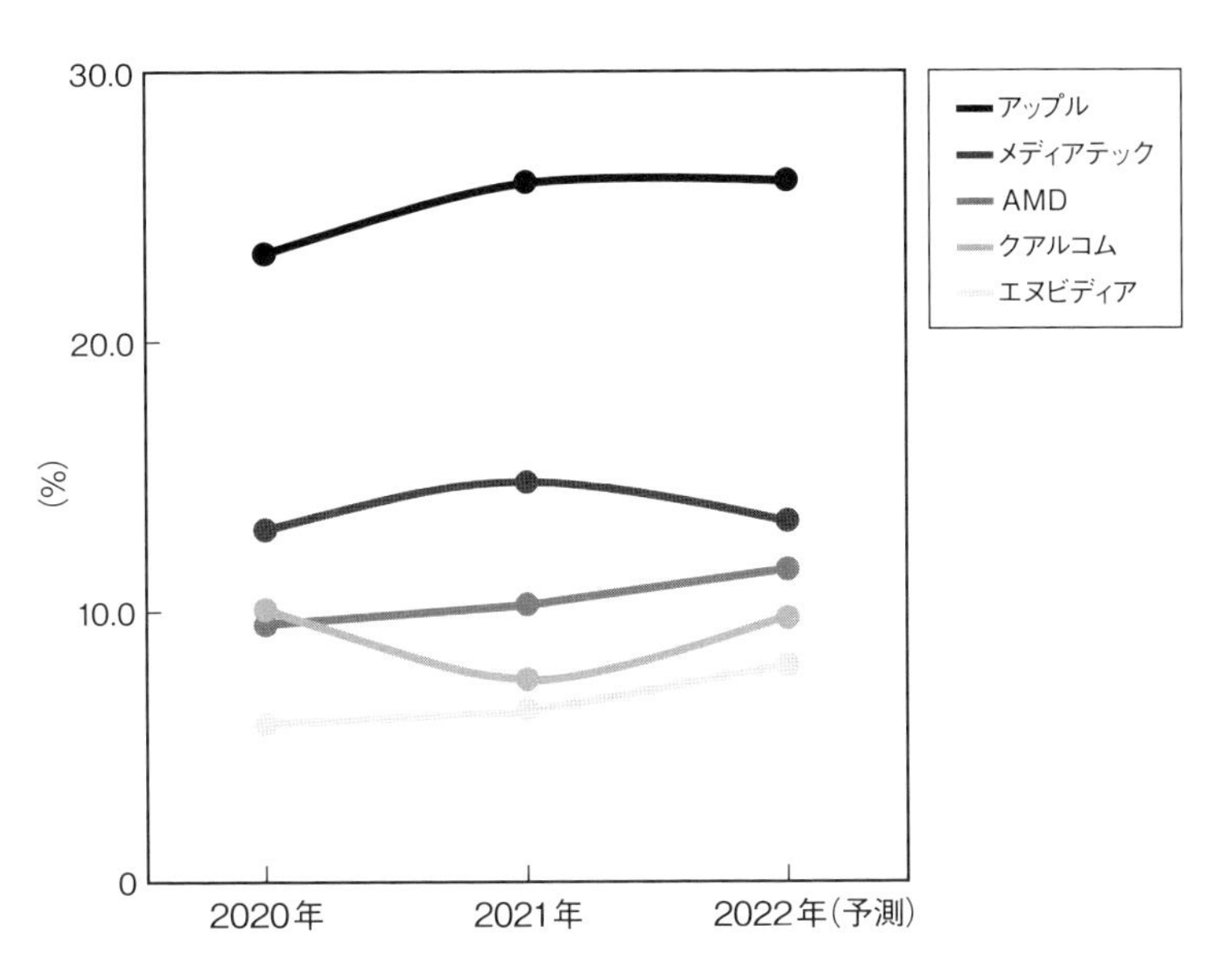

2022年におけるTSMCの顧客別売上構成比(出所=イザヤ・リサーチの資料を基に日経クロステックが作製)

米国企業が全体の6割を占めるため、同社への影響力は大きい。

「TSMCにとって重要なサポートをしなければならない顧客が日本におり、その顧客は、当社の重要な顧客のサプライヤーでもある」。TSMCの魏哲家CEOは熊本工場設立に関し、台湾で開催されたセミナーでこのように述べたという[8]。

この「日本の顧客」とはソニーグループを指す。「当社の重要な顧客」とは米アップルのことだ。アップルの「iPhone」には、ソニーグループ製のイメージセンサーが搭載されている。

アップルはTSMCにとって最大の顧客だ。TSMCの収益のうち4分の1(2021年時点)をアップルが占める[7]。例えば、iPhoneのICチップ「Aシリーズ」では、

ＴＳＭＣが量産を担う。

ＴＳＭＣは大口顧客の要請に応え、海外戦略を進めている。各国政府の巨額の補助金も相まって、海外工場設置を加速させている状況である。

米国企業が海外の工場をつくるように働きかける背後にいるのは米国政府である。「ＴＳＭＣの熊本工場設立にも、米国政府の意向が大きく働いているでしょう」。こう分析するのは、世界の半導体状況に詳しいインフォーマインテリジェンスのアナリスト、南川明氏である。

米国としては、信頼できる国で半導体を量産し、自国内で消費する「地産地消型」のサプライチェーンを形成したい考えがある。先端半導体の流通や開発拠点を制限することで、中国やロシア、北朝鮮といった国々への技術流出を防げる可能性があるからである。

人材や製造拠点、研究開発拠点は先端工場の周辺に引き寄せられる。各国がそれぞれの強みを生かすためには、こうしたリソースの散逸は避けたい。それは例えば、日本についてもいえる。半導体製造装置や材料に強みを持つ状況は、日本だけでなく、同盟国でサプライチェーンを完結させたい米国にとっても現状維持が望ましい。

ＴＳＭＣは日米での先端工場設立に動きだしている。日本では2章で見たように熊本工場（ＪＡＳＭ工場）で２０２４年末に製造開始を予定。ＴＳＭＣは日本での2カ所目の工場建設も明らかにしている。米国では冒頭のフェニックスで、２つの工場建設を進める。

4ナノメートル世代の第1工場は2024年、3ナノメートル世代の第2工場は2026年を予定する[9]。

次なる海外拠点が噂されるのは欧州である。ドイツには車載半導体大手のインフィニオン テクノロジーズやフォルクスワーゲンといった顧客がいる。米国企業と比べると規模は小さいものの、TSMC進出への要望の声は大きい。このように、日米欧は半導体量産拠点があることで、各国の強みを生かしながら経済安全保障の観点から安定的な供給が望めるというわけである。

かつてチャン氏は、たぐいまれな先見の明によって台湾をシリコン・アイランドに進化させた。だが、TSMCは今や台湾の切り札であり、「政治的駆け引きの道具」ともいえる存在になってしまった。チャン氏の憂いも当然だろう。

参考文献

1 「荒野のTSMC工場、米半導体覇権占う　5兆円で先端品量産」、日経電子版、2022年12月16日。https://www.nikkei.com/article/DGXZQOGN12CPT0S2A211C2000000/

2 "TSMC founder Morris Chang says globalization 'almost dead'"NIKKEI Asia, Dec. 8, 2022. https://asia.nikkei.com/Spotlight/Most-read-in-2022/TSMC-founder-Morris-Chang-says-globalization-almost-dead

3 「TSMC Annual Report 2022」を参照。https://investor.tsmc.com/english/annual-reports

4 朝元照雄・小野瀬拡、「台湾積体電路製造（TSMC）の企業戦略と創業者・張忠謀」、九州産業大学 産業経営研究所報 第46号、2014年3月。https://www.kyusan-u.ac.jp/imi/publications/pdf/jimimivol.46_content_a.pdf

5 「TSMCの周到な長期戦略　米国に新工場（The Economist）」、日経電子版、2023年1月24日。https://www.nikkei.com/article/DGXZQOCB220GH0S3A120C2000000

6 「特別企画　前半　IDMが解体　部・課単位で世界と競争　技術者にチャンス到来」、日経マイクロデバイス、2001年8月号

7 Lucy Chen、「Appleも依存する独走TSMC、台湾アナリストが語る地政学的リスク」、日経クロステック、2022年4月28日。https://xtech.nikkei.com/atcl/nxt/column/18/02041/00003/

8 "Geopolitical rivalries distorting chip market: TSMC CEO,"NIKKEI Asia, Dec. 17, 2022. https://asia.nikkei.com/Business/Tech/Semiconductors/Geopolitical-rivalries-distorting-chip-market-TSMC-CEO

9 「台湾TSMC、日本に2番目の工場建設を検討」、日経電子版、2023年1月12日。https://www.nikkei.com/article/DGXZQOGM128VA0S3A110C2000000/

欧米も半導体製造再建
政府主導で大規模補助金

	米国	欧州
法案の名称	CHIPS for America Act （半導体支援法案）	European Chips Act （欧州半導体法案）
主な目標	国内における半導体の設計・製造、研究開発の強化を通じたサプライチェーンの強靭化	次世代半導体の生産シェアを現在の10%から2030年までに20%に
投資額	520億米ドル（約6兆9160億円）	2030年までに官民合計で430億ユーロ（5兆8900億円）以上が目標。ただし、公的資金（EU予算と加盟国予算）は110億ユーロ
概要	2020年6月に米国の超党派議員グループが提出。520億米ドルの資金の拠出を予定。そのうち、半導体設備投資補助金に390億米ドル、国立半導体技術センター（NSTC）や先進パッケージング製造プログラムの研究開発に105億米ドルが割り当てられる。なお、CHIPS法を補完する投資減税法案として「FABS法案」がある	2021年3月に発表した「2030 Digital Compass（デジタル・コンパス）」で掲げた数値目標の1つを具現化するための法案。具体的には、3本柱を提案。①「Chips for Europe Initiative（半導体のための欧州イニシアチブ）」の設置、②半導体の安定供給に向けた支援枠組みの設定、③半導体の安定供給に向けた監視と危機対応機能の構築。次世代半導体の技術開発や試作の生産ラインなどの強化は①に含まれる。今後、欧州議会とEU理事会で法案をそれぞれ審議し、成立には数年がかかる見通し

図A　欧米における半導体サプライチェーン強化のための主な法案（出所＝日経クロステック）

「半導体工場への投資に最も適していたのは20年前だが、今こそが2番目の最適期だ。半導体メーカーがチップの需要急拡大に応えて大規模投資を計画しているし、他国が優遇策によって工場を誘致しているからだ。我々はCHIPS法*1への投資を含む『米国イノベーション競争法』を成立させなくてはならない」

*1　CHIPSは、Creating Helpful Incentives to Produce Semiconductorsの略。

米商務省（DOC）は2022年4月6日、半導体支援法案「CHIPS for America Act」の早期成立を目指すため、DOC長官らが議会の議員に向けてブリーフィングを行うのに合わせてプレスリリースを配信、上記のメッセージを掲げた。

CHIPS法は、米国内での半導体の研

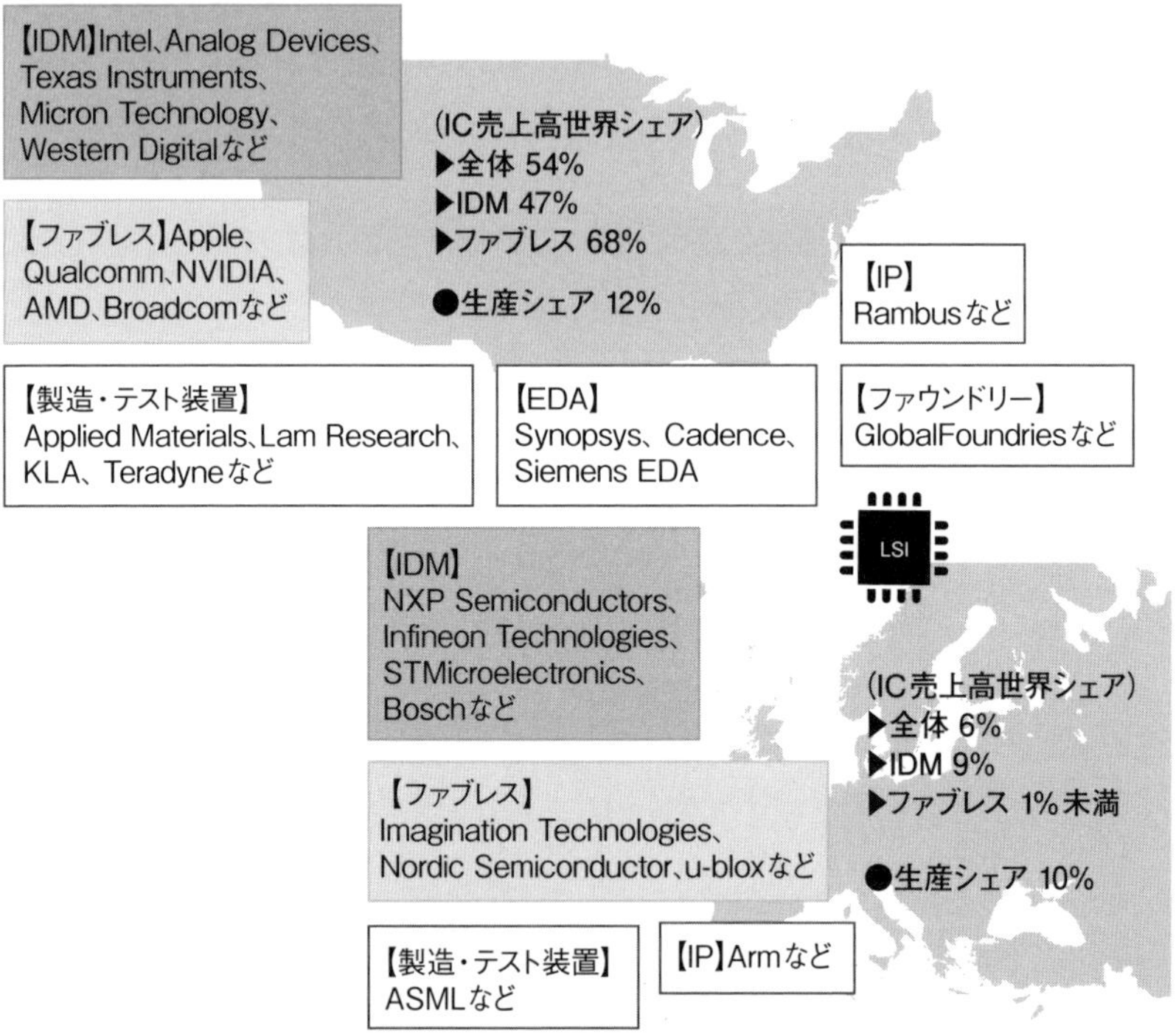

図B　米国と欧州の半導体関連の主要企業と地域に関するデータ

米国は世界のIC売上高で過半数のシェアを占め、世界有数のIDMやファブレスメーカーが数多く存在する。設計ツールのEDA、製造装置も強い。一方、欧州には世界唯一のEUV（極端紫外線）露光装置メーカーのオランダASMLなどがあり、研究開発は強いが、IC売上高のシェアは高くない（出所＝日経クロステックが作製、IC売上高世界シェアは米ICインサイツの2021年版の調査データ、生産シェアは米政府と欧州委員会）

究開発や設計、製造などへの投資に対して総額520億米ドル（約6兆9160億円、1米ドル＝133円換算、以下同）の財政支援を行う法案である（**図A**）。

DOCの分析によれば、2021年の国内半導体需要は2019年比で17％上昇したが、供給不足によって米国のGDP（国内総生産）は2400億米ドル（約31兆9200億円）が失われたという。

米国には世界を代表するファブレスやIDM（垂直統合型デバイスメーカー）などが存在し、半導体の先進国であることに疑いの余地はない。しかし、「生産」というミッシングピースがあるために、その損失がもたらされたとDOCは分析する(**図B**)。事実、現在では世界の半導体の70%以上がアジア地域で生産されており、米国のシェアは90年に37%あったのが、12%にまで低下しているという。

サプライチェーンにおけるその穴が、昨今の米中対立と半導体不足で浮き彫りになった。DOCは今回のプレスリリースに「米国は経済の繁栄と国防にとって非常に重要な半導体を自国内で造れることを確実なものにしなければならない」と記している。

CHIPS法を補完する投資減税法案も

CHIPS法は2020年6月に米国の超党派議員グループによって提案された。米上院で2021年6月に可決された「米国イノベーション・競争法(United States Innovation and Competition Act)」、米下院で2022年2月に可決された「アメリカ競争法(America COMPETES Act)」というそれぞれの政策パッケージに含まれ、成立に向けて審議中だ。

現在は両案の相違点などについて調整中で、今後は一本化された最終法案が作られて審議される。CHIPS法で拠出する520億米ドルの主な振り向け先は、半導体設備投資補助金に390億米ドル(約5兆1870億円)、国立半導体技術センター(NSTC)や先進パッケージング製造プログラムの研究開発に105億米ドル(約1兆3965億円)としている。

さらにCHIPS法を補完する投資減税法案として「米国製半導体促進（FABS：Facilitating American-Built Semiconductors）法」が提案されており、最終法案の中で検討される見通しだ。FABS法案は、米国内における半導体や半導体製造装置を生産する施設や設備の新設・拡張に対して25％の税額控除制度を新設する案である*2。

＊2　状況は本稿執筆時（2022年5月）。その後2022年8月に米議会で可決された。

30年に生産シェア20％を目指す

「この法案は欧州の国際競争力のゲームチェンジャーとなる。短期的には域内のサプライチェーンの崩壊を防ぐことを可能にし、中期的には欧州を業界のリーダーに押し上げることを支援する」。2022年2月8日、欧州委員会は先端半導体のEU（欧州連合）域内でのエコシステムの確立を目指す「欧州半導体法案」とその政策文書を発表した。ウルズラ・フォン・デア・ライエン欧州委員長は、同法案の意義をこうコメントした。

欧州委員会は2021年3月、「2030デジタル・コンパス」を発表した。IT（情報技術）のプラットフォーマーが米国に偏る中、欧州のデジタル主権を確立すべく、今後10年間を「デジタル化の10年間（Digital Decade）」と位置付けて目標などを定めた。その中で、次世代半導体についてEU域内の生産シェアを現在の10％から2030年までに20％に拡大するとした。ここでの「次世代半導体」とは、5ナノメートル以下のプロセス世代で製造されたものを指す。

そしてフォン・デア・ライエン氏は2021年9月の一般教書演説で、欧州のテクノロジー分野での自立が重要だとし、特に半導体の供給面でアジアへの依存度が高いことを指摘して半導体のEU域内供給を強化する姿勢を改めて示した。それを具現化するための支柱となるのが欧州半導体法案である。

半導体産業における欧州の立場は、米国とは大きく異なる。ベルギーの研究機関imecなど研究開発ではトップレベルのものもあるが、産業としての厚みは薄い。実際、米ICインサイツの調査によると2021年のIC売上高における世界シェアは6%しかない。

今回の政策文書は、(1)研究開発・設計・量産の各段階の能力強化、(2)人材不足対策、(3)半導体サプライチェーンの監視と危機対応――を戦略目標として設定。EUと加盟国の公的支援に民間投資を加えた投資額として、2030年までに430億ユーロ(約6兆2350億円、1ユーロ=145円換算、以下同)以上を見込むとしている*3。

*3 投資総額430億ユーロのうち、公的資金は110億ユーロ(約1・6兆円)。内訳は、EU予算が33億ユーロ(約4800億円)で、残りは加盟国が拠出する。

欧州半導体法案は3本柱から成る。〔1〕「半導体のための欧州イニシアチブ(Chips for Europe Initiative)」の設置、〔2〕半導体の安定供給に向けた支援枠組みの設定、〔3〕半導体の安定供給に向けた監視と危機対応機能の構築――である。〔1〕では、今回の投資を活用して次世代半導体の技術開発や試作の生産ラインなどを強化する。〔2〕では、現時点で域内に存在しない、あるいは建設が予定されていない「域内初（first-of-a-kind）」となる半導体生産施設の基準を設定。こうした施設の設置を今後予定する事業者は欧州委員会の認定を受け、優遇措置を受けられる。

今後は欧州議会とEU理事会がそれぞれ審議し、双方での合意を経てそれぞれが採択し成立となる。「法案の内容にもよるが、成立までには平均して2年ぐらいがかかる」（日本貿易振興機構（ジェトロ）ブリュッセル事務所の安田啓次長）という。

強靭化への効果に疑問の声

もっとも、サプライチェーンの強靭（きょうじん）化という目標の実現に向けて、こうした法案がどれだけ効果があるのかについては疑問の声も多い。政治家の関心や投資の重点が、先端の前工程工場の誘致に置かれる傾向が強いからだ*4。

*4 米国では台湾積体電路製造（TSMC）と米インテルがアリゾナ州に、韓国サムスン電子がテキサス州に先端の前工程工場を新設する。一方、欧州ではインテルがドイツ東部のマクデブルクに前工程の工場を建設する。同社は2021年に800億ユーロ（11兆6000億円）を投資してEUでの半導体の生産能力を拡大することを表明しており、その第1弾となる。同社はこのほか、フランスに研究開発拠点の新設を計画するなど、欧州での投資を進めている。

例えば米国の政策について、半導体業界に詳しいアクセンチュア ビジネスコンサルティング本部コンサルティンググループの村井誠プリンシパル・ディレクターは「先端の前工程工場の誘致にフォーカスしているようにみえる。現実には後工程工場は米国に少ないため、これによって米国国内だけでパッケージ工程までを終えた半導体が潤沢に造れるようになるわけではない。自国の経済安全保障にどれだけ効果があるかについては疑問が残る」と語る。

（内田 泰＝日経クロステック／日経エレクトロニクス）

初出：「政府主導で半導体製造再建目指す欧米　前工程のみの支援に疑問符」、日経クロステック、2022年5月10日。https://xtech.nikkei.com/atcl/nxt/column/18/02041/00005/

4
米国が狙う新サプライチェーン

大盛況だったセミコン・ジャパン2022（撮影＝日経クロステック）

「嘘（うそ）だろ」

東京ビッグサイトの会場がどよめいた。半導体装置・材料の展示会「セミコン・ジャパン 2022」に、岸田文雄首相がサプライズ登壇したからだ。2022年末、オープニングセッションでの一幕だった。

セミコン・ジャパン 2022の会場は、例年と比べても盛況だった。数百人規模の会場スペースにも収まりきれないほどの聴衆が集まる。「ここまで盛り上がったオープニングセッションは記憶がありませんよ」とイベント関係者も驚きを見せた。

半導体関係者である聴衆のお目当ては、パネルディスカッションにある。テーマは「ラピダスと半導体復権」。登壇者の顔ぶれも同社の関係者がそろっていた。ラピダスの東哲郎会長や小池淳義社長、LSTCのアカデミア代表である五神真氏、半導体戦略推進議員連盟の甘利明会長、そして米アイ・

セミコン・ジャパン2022のオープニングセッションに登壇した岸田文雄首相
（撮影＝日経クロステック）

ビー・エム（ＩＢＭ）幹部のダリオ・ギル氏である。新会社の設立発表から約1カ月。ラピダスは何をやろうとしているのか、本当に立ち上がるのか――。好奇と疑惑の視線が集まっていた。

岸田首相は、このパネルディスカッションの「前座」だった。黒服のボディーガードたちが会場に目を光らせる中、半導体の重要性についてこう語った。

「半導体は、デジタル化・脱炭素化・経済安全保障（経済安保）を支えるキーテクノロジーです」

スピーチは「将来の日本経済に半導体は欠かせない」という趣旨だった。「ＡＩや量子といった高度な計算システムや、自動走行、次世代ロボットなど」（岸田首相）を支えると述べた。だが、ここで言及があった経済安保こそ、日本政府がラピダスに託す最重要の事項といえる。

経済安保とはそもそも何を指すのか。２０２２年5月に成立し、同年8月に一部施行された「経済安全保障推進法」にはこうある[1]。「経済活動に関して行われる国家及び国民の安全を害する行為を未然に防止する」。端的には、他国家への経済的依存によって生じるリスクを指す。念頭にあるのは主に、米中摩擦によって緊張が高まる中国へのリスクである。

例えば、中国には多くの日本企業が量産拠点を置く。身近な商品が「Made in China」であふれている現状からもそれは見て取れる。だが、日本国内の製造拠点で代替できない基幹部品にまでこの状況が及ぶと危険である。その供給が止まったとき、国内経済そして社会活動が深刻なダメージを受けてしまうからだ。サプライチェーンにおける工程の一部を、日本政府にとっては先端半導体で「協力できない」(甘利会長)国家が握っている状況を脱したい考えである。

加えて、「国家及び国民の安全を害する行為」が暗に示している一例が、通信技術である。特に5G(第5世代移動通信システム)のような先端技術だ。東方新報によれば、中国の5G基地局の数は世界の7割を占めるという(2022年時点)[2]。通信傍受などに使われることで、「国家の安全を害する」可能性がある。

中国の5Gシステムにおけるシェア拡大を危惧する動きは、まず米国政府から始まった。5Gの基地局展開が始まった翌年の2018年ごろには、米国は中国の通信大手ファーウェイに貿易規制をかけている。日本政府はこうした米国の動向の後を追っている形である。

もう1つ、経済安保推進法には大きな目的がある。重要物資の安定確保と、先端的な重要技術の開発支援である。特定重要物資としては、半導体や蓄電池、ロボットなどの11物資が指定されている。半導体のような技術を自前で確保することで、他国にサプライチェーンを封鎖させず、技術的干渉を受けにくくする狙いがある。

先端半導体を確保せよ

この経済安保を軸とした新たな保護主義への移行はグローバルに及ぶ。その結果として、新たな半導体サプライチェーンが生まれようとしている。先端半導体の特性と相まって、従来のサプライチェーンをアップデートする必要が出てきたからだ。

この動きを先導する米国が描く姿はこうだ。

新半導体サプライチェーンは、同盟・同志地域のみが参画する。具体的には、米国・日本・台湾・欧州（中心はオランダやドイツ）のような地域である。

サムスン電子を擁する韓国にも秋波を送る。米国が主導し、米日韓台で構成する半導体同盟「Chip 4」の結成を求めていることからも、その姿勢は見て取れる。だが、韓国政府としては中国との経済的関係が深いこともあり、どっちつかずの状況にある。

この新サプライチェーンをめぐる動きは、表面化してきている。その1つが、第3章で見た台湾積体電路製造（TSMC）の海外製造拠点の建設である。加えて、2023年初頭には、米国が求める「中国に対する半導体禁輸」の協力に日本とオランダが合意した[3]。

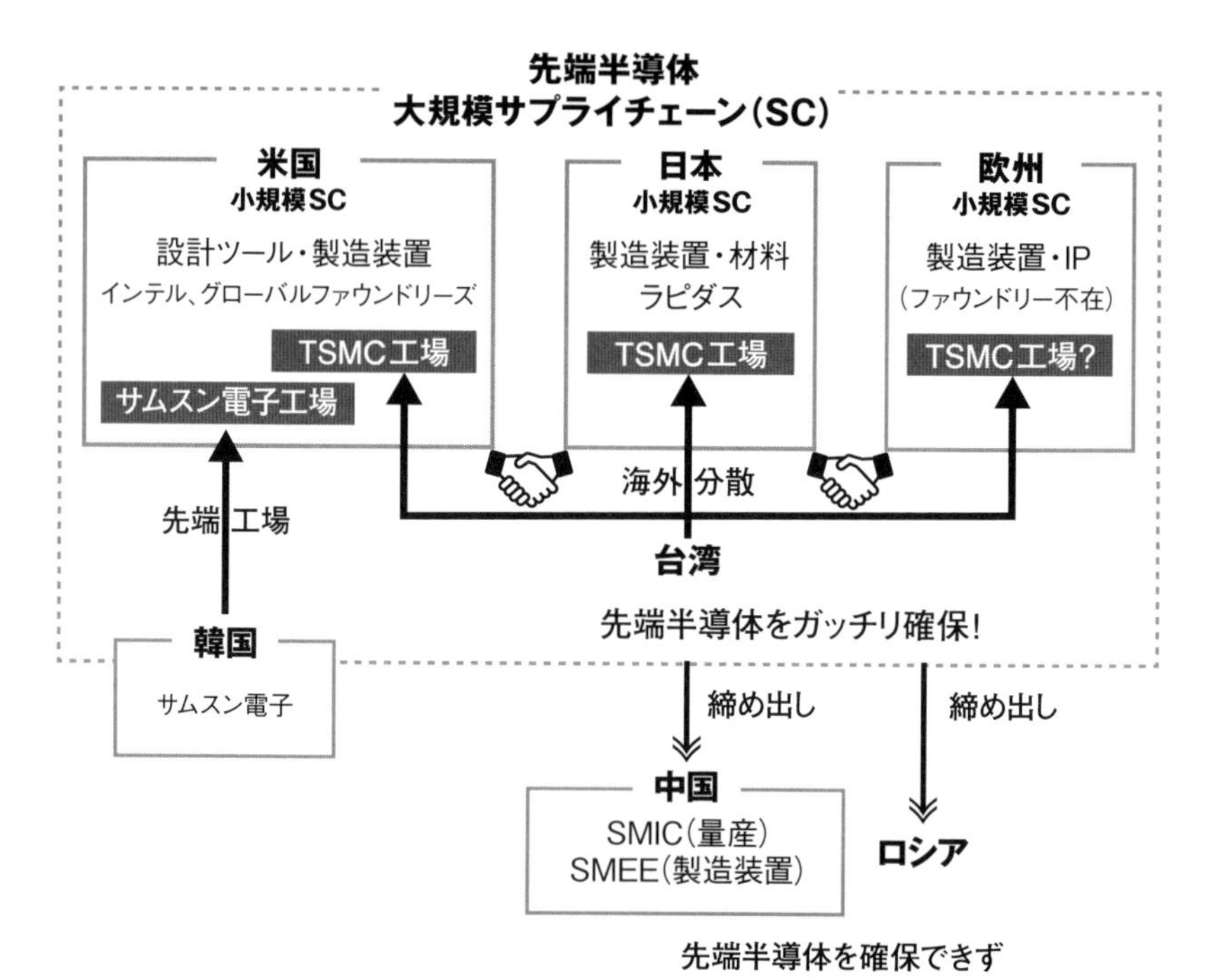

新たな半導体サプライチェーンの経緯と概要(出所＝日経クロステック)

このサプライチェーンでの目的は大きく2つある。先端半導体の安定的な確保と、中国やロシアといった国家の締め出しだ。半導体6極(米国・中国・韓国・台湾・日本・欧州)のうちの5極が連携し、1極である中国を「仲間外れ」にしたい考えである。

具体的には、小規模サプライチェーンと大規模サプライチェーンという2層で構成する。

まず小規模サプライチェーンは、日本のような国家単位、あるいは欧州のような地域単位で完結する。TSMC創業者のモリス・チャン氏が述べたように、半導体製造のグローバリゼーションの時代が終わり、「地産地消型」に移行が進みつつある。そこで、特に

先端半導体サプライチェーン

When(いつ)：
2022年ごろ～

Where(どこで)：
日米欧台＋韓？

Who(誰が)：
米国(主導)、各国政府、先端半導体の関連企業

What(何を)：
先端ロジック半導体の世界規模サプライチェーン

Why(なぜ)：
経済安保上の重要物資の安定確保、米中新冷戦

How(どのように)：
先端半導体関連企業の国際連携、TSMC海外戦略

先端半導体の量産には国際連携が必須

中国・ロシアに先端半導体を行き渡らせない
→軍事力拡大を警戒

新たな 先端半導体サプライチェーン へ

新たな半導体サプライチェーンの5W1H（出所＝日経クロステック）

先端ロジック半導体の量産工程においては、自地域内で確保しようという動きである。

カギを握るのは台湾、そしてTSMC。台湾は先端ロジック半導体において、地域別世界シェアの9割を占める。それをけん引するTSMCは、地産地消型の経済において世界中の垂涎の的だ。

世界情勢もTSMC誘致を後押しする。台湾有事のリスクが高まっていることで、TSMCが海外拠点戦略に前向きだからである。より正確には、同社のほとんどの大口顧客が海外にあり、この顧客たちが地政学的リスクの低減を望んでいる。そして、各国政府が経済安保の観点から、財政支援に前向きであることが推進力になっている。

なお、先端半導体の量産は全てＴＳＭＣ頼り、というわけではない。米国にはインテルのような微細化で第一線を走るメーカーがある。米グローバルファウンドリーズのような大手ファウンドリーも存在する。

サムスン電子がある韓国にとっては、サムスン電子の競合であるＴＳＭＣを誘致するメリットはあまりない。サムスン電子は、２０２２年時点の世界のファウンドリー供給能力では、ＴＳＭＣに次ぐ第2位（19％）[4]。半導体売り上げでは世界首位だ[5]。

米国や韓国以外の国家にとっては、ＴＳＭＣのような最先端技術を開発する海外ファウンドリーが頼みの綱になっている。米国にとってＴＳＭＣは「強力な味方」という位置づけである。そこで小規模サプライチェーンでは、各国が同社を財政的支援によって積極的に誘致し、第2工場、第3工場の建設につなげることが重要になる。

ただ、各国政府がＴＳＭＣと直接やりとりし、財政支援によって誘致を獲得する――という単純な構図ではないのはこれまで見てきた通りだ。実際には、各国の同社顧客が交渉の場に立ち、その会社と関係の深い米国の大口顧客が後押しし、そしてさらにその背後では米国政府が糸を引いている。

大規模なサプライチェーンのほうはキープレーヤーが多い。シリコンウエハーの製造からパッケージング（チップの封止）までという、先端半導体を製造する工程の大部分を網羅するからである。

構成するのは、世界の同盟・同志地域の企業。それぞれの参画地域が、強みを生かしながら連携する。日本や米国、オランダのような国々は、先端半導体におけるサプライチェーンの上流で圧倒的なシェアを持っている。ここを押さえてしまえば、中国は先端半導体を量産できなくなるというもくろみである。

大規模サプライチェーンでは、シリコン結晶などを除けば、同盟・同志地域だけで完結できる仕組みになっている。先端半導体を造る過程は、具体的にはこうだ。

まず、ICチップの回路を半導体メーカーが設計する。例えば、米アドバンスト・マイクロ・デバイスズ(AMD)や米エヌビディアのような半導体メーカーである。これらのメーカーは、EDA(電子設計自動化)ツールを使用し、機能単位の半導体設計図をIPベンダーなどから購入。自らの回路を加えて全体設計をする。

EDAツールは半導体の設計から製造までを支援するものだが、ファウンドリーが製造する構造に合わせて内容やパラメーターを更新していく。つまり、ファウンドリーとの連携が欠かせない。

EDAベンダーの世界市場を握るのは米国である。シノプシスやケーデンス、シーメンスEDAという3社が、全体の75%を占める(2022年時点)[6]。

IPベンダーは、プロセッサーのコアやインターフェース回路など、半導体チップに共通で必要な設計データを提供することで、回路設計を円滑にする。同分野も先端半導体に

トッパンフォトマスクの半導体用フォトマスク(出所=トッパンフォトマスク)

対応した設計データを開発するため、同様にファウンドリーとの連携が必要である。英アームやシノプシス、ケーデンスがキープレーヤーだ。

半導体メーカーが設計した回路は「フォトマスク」と呼ばれる回路の原板に焼かれる。このフォトマスクの世界市場は日本勢が優位で、凸版印刷*1と大日本印刷がおよそ5割のシェアを占めている[7]。

*1 凸版印刷は2022年、フォトマスク事業を担う新会社トッパンフォトマスクを設立した。

次に、ウエハーから先端半導体を製造する。初めの「ウエハー工程」は、シリコンの大きな結晶を加工し、トランジスタや電気回路を形成する円板「シリコンウエハー」を製造する。この工程を主に担うのは、信越化学工業やSUMCOのような日本企業である。その後、ウエハーがTSMCの各国量産拠点や各国ファウンドリーに送られる。

ファウンドリーが先端半導体を製造するためには、

最先端の製造装置が欠かせない。米国やオランダ、日本の企業の協力が中国に大打撃なのはこのためだ。逆に言えばそれこそが、米国が日本とオランダに半導体禁輸の協力を求める理由である。

半導体装置市場は、売上高の世界トップ5を日本、米国、オランダが占める。首位は米アプライドマテリアルズ、2位はオランダASML、3位は東京エレクトロンと続く（2021年時点）[8]。

半導体装置の世界市場で日本メーカーが占める割合は3割程度（同年時点）[9]。東京エレクトロンの他にも、洗浄装置を手掛けるSCREENホールディングスや、ウエハーからチップを切り分けるダイサーを手掛けるディスコなどがいる。

「夢物語」だったEUV露光装置

オランダは実のところ、先端半導体の製造装置で唯一無二の立ち位置にいる。先端半導体の製造に欠かせないEUV（極端紫外線）露光装置を作れるのが、現状ではASMLの1社のみであるからだ。

露光装置の役割は、フォトマスクに描かれた回路の設計図をシリコンウエハーに転写することである。一般的には、光をレンズに通すことで設計図を投影し、微細なパターンを形成する。

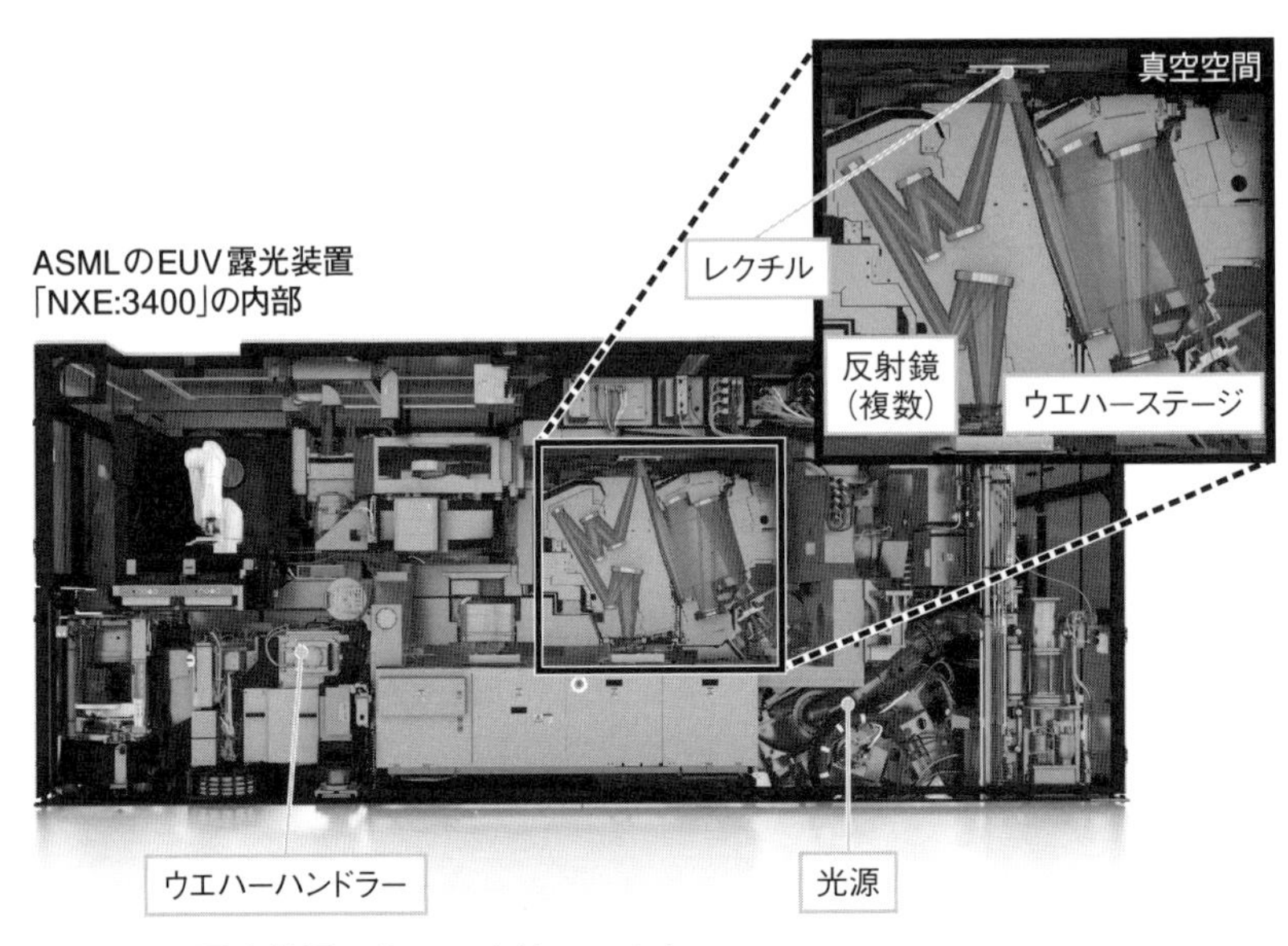

ASMLのEUV露光装置。トラック並みに大きい（出所＝ASMLの資料を基に日経クロステックが作製）

これまでは「液浸露光装置」と呼ばれる装置が主流だったが、微細化によって、従来の露光では緻密な回路に対応できなくなってきた。同市場を競ってきたのはASMLに加えて、キヤノンやニコンといった日本企業である。当時は革新的な露光装置ができなければ「微細化は止まる、ムーアの法則は終焉を告げる」と盛んにささやかれていた。

複雑すぎて開発は難しいだろう――。

2000年代から業界の話題に上がっていたものの、「夢物語」と思われていた新技術。それこそがEUV露光装置だった。

この装置は「EUV光」と呼ばれる、波長のかなり短い光を照射できることが特徴である。具体的には、旧世代の露光装置と比べて10分の1短い。波長が短ければ短いほど、高性能になる。波長が短いと、それだけ細かい線が描けるからである。

当時の課題は光源が安定して稼働しないことだった[10]。長時間EUV光を発生させると、膨大な熱が蓄積する。この熱により制御が難しくなる。安定性に難があることから、キヤノンは「EUV露光装置の実用化は不可能」と諦めた。ニコンも事実上の撤退に至っている[11]。

開発を続けたのはASMLだけだった。日本の2社が撤退する中でも継続できたのは、米国の半導体企業からの全面的なバックアップがあったからだともいわれる。そして2014年ごろ、ブレークスルーが起こる。照射方式の改善により、出力と安定性が飛躍的に上がったのだ。

2018年、ASMLはこの「不可能」ともされた装置の実用化に成功。一気に露光装置市場の首位に躍り出た。2021年時点では露光装置市場の売り上げシェアで約9割を独占する立場にある(野村証券調べ)。それもこれも、EUV露光装置を開発できたのがASMLだけだからだ。

EUV露光装置の登場で、微細化競争は次なるステージに移行した。グローバルファウンドリーズは同装置を使いこなせなかったことが原因で競争から離脱している。2018年、同社は7ナノメートル世代の半導体製造を中止した。同世代では「顧客がいないことに加え、採算に見合わない」という言葉を最後に残しながら……[12]。

同装置は数百億円規模と高価なだけでなく、販売数が少ない。使いこなしにもノウハウが必要で、世界でも限られた会社しか保有していない希少製品である＊2。今や「お高く留まった装置」として有名になった。ただ資本力があるだけでは購入できず、水面下での交渉が必須になっている。

＊2　なお、先端半導体の量産を目指すラピダスも、EUV露光装置の納入を2024年末に受ける予定である。同社が確保できたのは、ベルギーimecが「取り計らった」（内部に詳しい関係者）ことが大きい。ASMLはimecと関係が深い。ラピダスは2022年末からimecと大規模連携を発表しており、設立当初より連携してきたからである。なお、この例からも分かる通り、同装置は納入に通常数年がかかる。

さらにここに来て、中国によるASMLからの入手がほぼ不可能になった。米国の圧力が増したのだ。

中国の国策ファウンドリーであるSMICは2019年ごろ、ASMLに対してEUV露光装置の購入を打診していた。だが、米国からの圧力を懸念したASMLによって保留された[13]。

2021年には、米国の圧力が表に出た事件が起こった。この年、韓国企業によって中国にEUV露光装置が持ち込まれようとしていた。韓国の大手半導体メモリーメーカー・SKハイニックスが、中国無錫（むしゃく）市の自社工場に輸送を試みていたのである。ロイター通信によれば、米国政府が慌てて介入し、輸送が急きょ中止される事態になったという[14]。

中国はEUV露光装置を獲得できなければ、7ナノメートル世代以降の先端半導体は量産できない。量産を試みても、歩留まり率が著しく落ちるため、十分な数を確保することが難しい。「中国は先端プロセスをもう量産できないでしょう」。インフォーマインテリジェンスの南川明氏はここまで言い切る。一方の中国は自前でＥＵＶ露光装置を実用化するため、国家の力を総動員して開発を進めているようだ。

まとめると、微細化競争の加速によって、それぞれの半導体製造工程や装置に高い技術力が必要になった。１９８０年代のような、ＥＵＶ露光装置もファウンドリーもＩＰもなく、日本企業が自前でほぼ完結できた時代は過ぎ去った。各地域が半導体サプライチェーンで強みを示し合う熾烈（しれつ）な生存競争の時代に突入した。

なぜラピダスは2ナノか

２０２３年4月、筆者は東京・麹町にあるラピダスの会議室にいた。合同取材のために集まった記者たちを、同社の小池社長が迎えた。小池社長ははつらつとした調子で記者の質問に答えていった。

「実際、先端半導体を日本国内で調達できなければ何が起こるのでしょうか。例えば、同盟・同志地域から輸入すればよいのではないですか」

筆者はこの場でそう投げかけた。尋ねたかったのは、ラピダスとしての理由である。先

合同取材で質問に答えるラピダスの小池淳義社長（撮影＝日経クロステック）

端半導体については、台湾や米国、韓国から輸入する道が十分にあるはずだ。ユーザーが米国のように育っていない、顧客も十分見えていない現時点からすると、ビジネス的な収益は一見不透明である。

そんな中、なぜ小池社長は2ナノメートル世代を量産する必要性を感じているのか。日本政府としての理由は、経済産業省への取材でつかめていた。「国内の半導体装置・材料メーカーの流出を防ぐため」である。ラピダスとしては、国内ユーザーによる要望・需要があるからというわけではなさそうだ。

「先端半導体は、日本産業の将来の原動力を持つためになくてはなりません。先端半導体を持っていれば、次世代を担う若い人たちが技術と産業に関心を抱きます。イノベーションにつながるわけです。さらに、昨今は安保上の問題があります。（先端半導体を持っていないと）非常に厳しい。日本だけでなく同盟国にとっても危機的な状況になるからです」

これが、小池社長の返答だった。まず、次世代半導体を量産することで、産業全体の活力になるという点。次に、安保の観点である。

前者としては、先端半導体にアクセスしやすくなることで、自動運転や超高速通信などの技術開発が促進される。半導体関連産業の裾野が広がっていくだろう。

筆者が注目したのは後者だった。特に「同盟国にとっての危機的な状況」という言葉だ。同盟国という言葉が指すのはまず米国だろう。米国政府や企業から最先端半導体を量産する要望があり、日本産業にとっても推進力となるためにラピダスを設立した、という趣旨と推測できる。ラピダス設立の経緯としての、ＩＢＭからの申し入れとも符合する。

米国にとっての理由は明らかである。先端半導体が確保できなくなれば、中国に軍事力で追い抜かれる可能性があるからだ。

世界は、ある3つの出来事が続いたことで半導体の経済安保における重要性を再認識した。半導体不足と5Gサービス開始、ウクライナ侵攻――である。

まず、半導体不足は2019年後半から顕在化し、2020年春からの新型コロナウイルス感染拡大でさらに深刻化した。コロナ禍によるロックダウンがサプライチェーンの混乱を招いたからである。世界の製造業への打撃は大きく、半導体の重要性が認識されることで地産型への移行の兆しが出てきた。

一方の5Gは、2018年ごろに開始した次世代の通信システムである。高速・大容量かつ低遅延、多数同時接続を特徴としている。

そのインパクトは、スマホの通信が高速になるだけにとどまらない。通信の遅延をほぼなくせるため、遠隔からのモビリティーやロボットの制御、高画質な大容量映像データのやりとりを実現できる。既に実用化が始まっている自動運転の配達ロボットや、遠隔手術などに応用が広がる。

そしてそれは、戦場での技術の開発が進むことを意味している。より緻密・リアルタイムでの戦況把握や監視が可能になる。さらに、軍事用ロボットを高精度に遠隔操作し、通信のジャミングや傍受、大容量通信データの保存が見えてくる。その実現のためにはもちろん、先端半導体が不可欠だ。

「ロシアのウクライナ侵攻で、戦争の在り方は大きく変わりました。戦車や戦闘機での数の勝負ではなくなりました。ドローンや(精密に標的を狙える)小型ミサイルが非常に有効だと判明し、軍事力を測る尺度が変わったからです。そのためにも先端半導体は欠かせません」

半導体情勢に詳しい南川氏がこう語るように、2022年から始まったウクライナ侵攻は半導体の重要性を浮き彫りにした。5Gや電子機器の頭脳を担うロジック半導体が戦況

米国の対中半導体規制をめぐる出来事	
2018年8月	「米国輸出管理改革法（ECRA）」成立
2019年5月	**中国・華為技術（ファーウェイ）、米国の「エンティティーリスト（禁輸リスト）」に追加**
2020年5月	米商務省、ファーウェイと同社関連企業への規制強化
8月	米商務省、ファーウェイと同社関連企業への規制をさらに強化
12月	中国のファウンドリーである中芯国際集成電路製造（SMIC）、エンティティーリストに追加
2021年11月	韓国SKハイニックス、中国工場へのEUV露光装置の導入見送り
2022年10月	**半導体製造装置の対中輸出に対して大幅な規制強化**
12月	中国、米国の半導体輸出規制に関しWTO（世界貿易機関）に提訴
	中国の半導体メーカーである長江存儲科技（YMTC）、露光装置を手掛ける上海微電子装備集団（SMEE）をエンティティーリストに追加

米国の半導体サプライチェーン確立に向けた動き	
2022年4月	日米首脳、半導体サプライチェーン強化に向け合意
8月	米「CHIPS法」成立、半導体の生産や研究開発に527億米ドル（約7兆円、1米ドル＝133円換算）投じる
10月	10月米IBM、ラピダスと戦略的協業に向け合意
12月	台湾積体電路製造（TSMC）、米国に最先端プロセスの製造工場設置発表
	米政府高官、「日本やオランダと先端半導体の対中輸出規制に向け協議」と発言
今後？	米国、日本、韓国、台湾で構成する半導体同盟「CHIP4」が正式始動

年々強まる対中半導体規制（出所＝日経クロステック）

を変えるインパクトを持ちだしたからである。

ここで、特に米中両政府にとっての共通認識があった。先端半導体を確保した者が、戦場を制す。米国は同盟・同志地域との連携に奔走し、中国は国内での半導体戦略の加速に動きだした。

ファーウェイをつぶせ

米中の半導体冷戦は2018年4月17日、通信分野から始まった。

この日、米国政府の独立機関である連邦通信委員会（FCC）は米国内の通信会社にお触れを出した。「安保上の懸念がある外国企業からの通信機器の調達を禁ずる」[15]。念頭にあるのは中国通信大手ファーウェイ（為華技術）とZTE（中興通訊）の2社である。ファーウェイは当時、世界の無線インフラ市場で首位にあり、中国政府の諜報活動に利用されるリスクを鑑み、規制に至った。ここでは2社への具体的な言及はなかったが、そこから数年間で2社への徹底的な制裁が始まった。

ZTEが米国の規制対象になったのは、同じ4月17日である。ZTEと米国企業との取引を今後7年間禁止するという内容だった。その理由として挙げたのは、米国の敵対国であるイランや北朝鮮に対し、同社が通信関連設備を輸出していたから――である[16]。

ZTEは米国メーカーが開発する半導体を多く採用していたため、この制裁は大打撃だった。「当社の事業に壊滅的な打撃を与える。断固として反対だ」と同社経営トップの殷一民（イエン・イーミン）氏は怒りをあらわにした[17]。

同年4月末には、米司法省がファーウェイへの捜査に入った。ZTEと同様、イランに対する技術輸出の疑いが理由である。

新技術・5Gを見据え、米国は緊張を高めていた。通信インフラ市場で存在感を示す中国を今抑えなければ、5G市場が中国企業のインフラで固められ、通信システム自体が乗っ取られるかもしれない。

米国政府の危機感の裏には、中国が前年の2017年に掲げた目標があった。「2030年までに人工知能（AI）技術を世界トップレベルに引き上げ、国防力などを向上させる」[18]。

２０１５年に中国が掲げた産業政策目標「中国製造２０２５」に連なる、野心的なロードマップである。

この目標は現実のものになるかもしれない。通信市場でシェアを拡大するだけでなく、半導体生産能力でも米国を追い抜かそうとしていたからだ。２０１８年、中国は怒涛の追い上げを見せていた。それまでは世界の１ケタ台だったのにもかかわらず、この年は12％台と米国に並ぶ結果を見せた（米ＩＣインサイツ調べ）。

「もはや今までの中国ではない。半導体で負ければ、通信や産業で負ける。軍事力でも劣ってしまう」。米国政府は焦った。

こうして２０１８年、米中半導体冷戦の火蓋が切られた。８月、米国で「輸出管理改革法（ＥＣＲＡ）」が成立。新たに開発が進む技術分野のうち、国家安保上重要な技術の輸出を規制するものだ[19]。ここでは例として、兵器や諜報、テロなどに使われる技術が想定されている。

同年10月には、国策半導体メモリーメーカーの福建省晋華集成電路（ＪＨＩＣＣ）がやり玉に挙がった。「米国の国家安保に打撃を与える可能性がある」[20]。商務省は同社を企業目録「エンティティーリスト」に追加した。

エンティティーリストとは、輸出管理法に基づき、国家安保などに懸念のある会社を列挙したもの。リストアップされた会社に技術を輸出する場合、商務省の許可が必要になる。

だが、許可は基本的に下りないため、実質的な禁輸リストである。

このリストの効力は、米国以外にも及ぶ。米国企業の部品やソフトウエアが含まれていれば、米国製でない製品も規制対象にできるとするからだ。米中摩擦以前は中東企業が多かったが、昨今は中国企業が目立つ。

同年11月には、半導体をめぐる一大事件が起こった。米司法省がＪＨＩＣＣを起訴したのだ。台湾のファウンドリーであるＵＭＣとともにＪＨＩＣＣを、米半導体大手マイクロン・テクノロジーから機密情報を持ち出したと訴えた[21]。

この事件は、次のような経緯で起こった[22]。中国はこの頃、国策として半導体メモリーの生産強化を促進していた。ＪＨＩＣＣは、政府の後押しを受けながら工場立ち上げを進めた。だが、中国には十分なメモリー製造技術がない。そこで、台湾のＵＭＣに助けを求めた。ＪＨＩＣＣはＵＭＣに資金提供する代わりに、技術開発を委託。２０１６年に両社の協業が成立した。

問題はここからである。肝心のＵＭＣが得意とするのはメモリーではなく、ロジック半導体だった。つまり、メモリーの製造ノウハウが不足していた。そこでＵＭＣは、マイクロン台湾出身のエンジニアを採用。このエンジニアに、マイクロンの機密文書を持ち出し、短期間での半導体メモリー開発につなげた容疑がかかった。

「イナフ・イズ・イナフ（うんざりだ）」。ジェフ・セッションズ司法長官（当時）は公開文書で苛立ちを見せた。「他の例でも見られるように、中国の米国に対する諜報活動は増加している。それも急速に」[23]

続く2019年、米国の圧力はさらに強まった。米商務省はついに、ファーウェイをエンティティーリストに追加した。5G市場でシェアを取らせない、という固い意志の表明である。

だが、中国の猛進は止まらない。米国の不安は現実のものになった。

2019年11月、中国で5Gサービスが開始された[24]。途端にファーウェイが、5G関連の世界市場を急速に握ることとなる。中国国内でも基地局の整備が急ピッチで始まった。それだけでなく、この年、半導体生産能力でも米国を追い抜いた。

米国による規制が本格化したのはその翌年、2020年からである。この年から、中国の一企業ではなく、中国という国家に対しての本格的な規制が始まった。具体的には、中国の国策ファウンドリー・中芯国際集成電路製造（SMIC）がエンティティーリストに追加された。中国を完全なる脅威と見なした形だ。

「先端半導体を製造するために必要な品目は、中国の軍事的現代化を防ぐため、拒否対象と見込まれる」。ここで、それまでの「イランへの技術輸出防止」という理由ではなく、中国の軍事力拡大（軍拡）を防止すると明記している[25]。加えてこの年、ファーウェイへの規制も強化した。

米国半導体の中国締め出し策は、2022年に国内の隅々まで浸透していった。同8月、半導体法案「チップス・アンド・サイエンス・アクト（CHIPS法）」がバイデン政権下で成立した。半導体の国内製造基盤を強化する法律だが、中国に対する規制も含まれる。米国政府の補助金を受領した半導体企業は、中国やロシアによる先端半導体の製造に協力できないとするものだ[26]。

これはつまり、CHIPS法により米国工場の設立支援を受けるTSMCにも及ぶ。米国に先端半導体工場を建設中のサムスン電子も、補助金を申請すれば同じ枠組みに入れられることとなる。

中国に対する全面的な規制も発動した。2022年10月、先端ロジック半導体や先端半導体メモリーを中国に輸出することが禁止された。対象となる製品は、エンティティーリストによる規制と同じく、米国企業製だけでなく、米国製の部品などを使う海外企業の製品も対象である。

さらに、米国の半導体関連エンジニアが中国企業に協力できない規定も定めた。モノだけでなく、ヒトの流れも制限することで、中国の半導体技術の発展を徹底的に阻止する狙いだ。

中国はこの年、たまらず米国の半導体規制を国際機関・世界貿易機関（WTO）に提訴[27]。だが、米国は手を緩めなかった。中国半導体メーカーの長江存儲科技（YMTC）や露光装置を手掛ける上海微電子装備集団（SMEE）など36企業・団体を新たにエンティティー

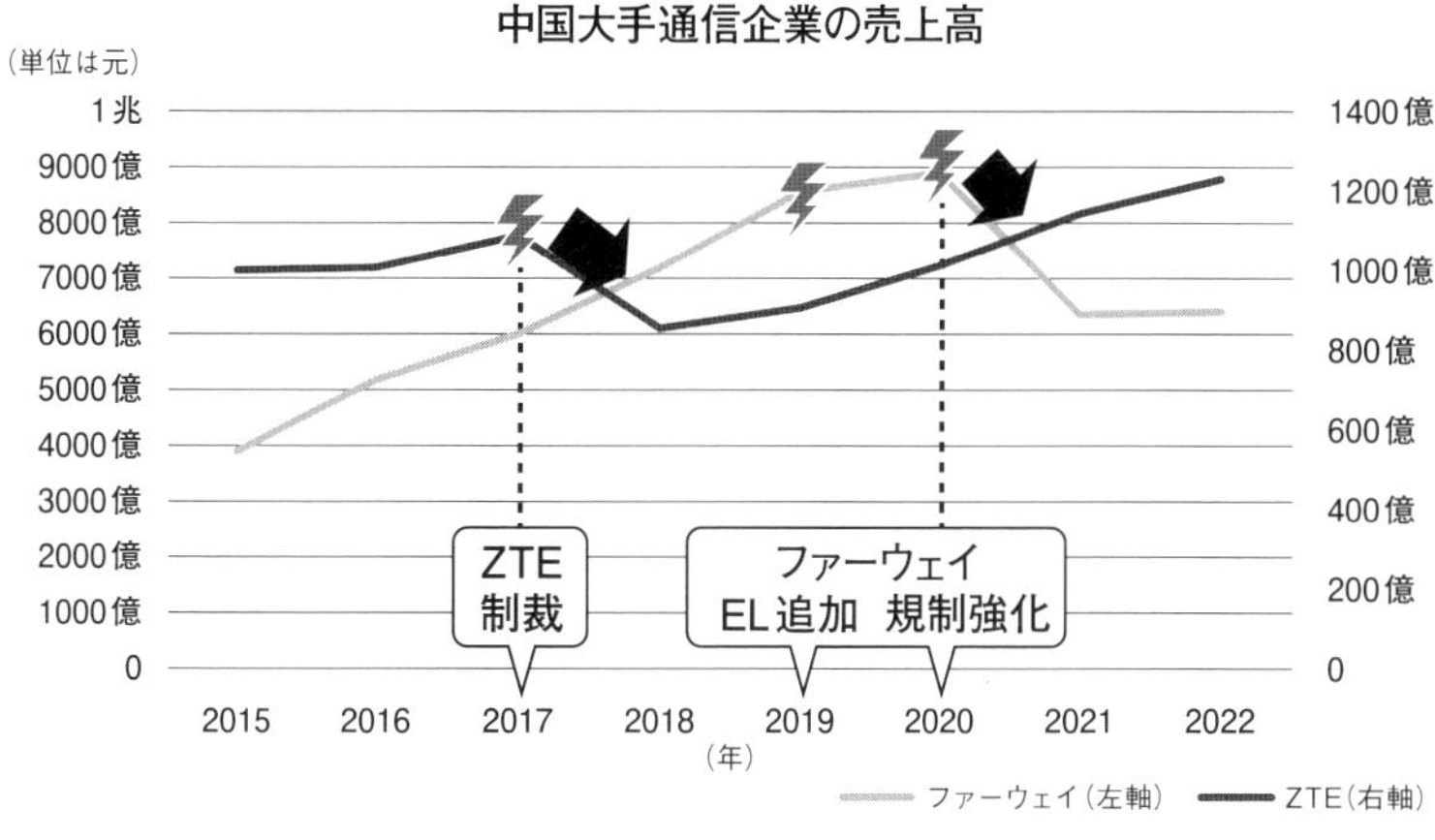

対中半導体規制は大打撃（出所＝ZTE、ファーウェイの資料を基に日経クロステックが作製）

リストに追加した。

「半導体の強みは分断ではなく団結」

２０２２年は、米国内での半導体規制としては、できることをほぼ遂行した年になったといえる。では、実際に中国にはどの程度打撃なのか。

「中国の半導体市場全体でみると、現状の影響はさほど大きくありません。この規制の影響は15％程度でしょう。中国で製造されている半導体は『レガシー半導体』と呼ばれる成熟品が市場の8割を占めるからです」

２０２２年末、中国の半導体情勢に詳しいＳＥＭＩジャパンの青木慎一氏はこのような見解を示した。中国で製造されている半導体のほとんどは、マイクロプロセッサーやＡＩチップなどではない汎用的なチップである。微細化なプロセスを使わないため、先端半導体への規制からはほぼ影響がない。

ただ、将来の国力に関わる先端半導体では着実に「減速」（青木氏）していっている。「度重なる規制を受けて、今後他国との差は徐々に開いていきます」と同氏は語る。

米国によるエンティティーリストに入った企業は、その後どのような影響があったのか。中国の大手通信企業2社の決算には、その打撃が顕著に表れている。

まずは米国の制裁を初期に受けた、ZTEである。同社の年間売上高は2017年までの3年間、1000億元（約2兆円、1元＝20円換算、以下同）付近で順調に推移していた。ところが、制裁の年となる2018年に急落した。約855億元（約1兆7100億円）まで売上高を落とした。盛り返すまでには2020年までの2年間を要している[28]。一時はまさしく「壊滅的な打撃」（同社の殷一民氏）だった。

ファーウェイはスマホ事業などを世界展開しており、影響はより深刻である。「制裁下で働くことにも慣れ、社員は楽しんでいます」。同社の徐直軍（エリック・シュー）副会長は2021年にこう強気な姿勢を見せたが、実情は厳しい[29]。

ファーウェイは2019年までの間、売上高を継続的に伸ばしており、その躍進は止まりそうもなかった。そこに陰りが見え始めたのが、同社への規制が強化された2020年である。

2020年の同社売上高は約8900億元（約17兆8000億円）。それまで年間1000億元ペースで売上高を更新していたところを、約3000億元（約6000億円）

の増収と落とした。そして2021年、約2500億元（約5兆円）の減収。2022年決算でも、わずかな増収にとどまっている[30]。

なお、これらは世界市場で幅広いコンシューマー展開をしている2社だからこその影響ともとれる。例えば、国策ファウンドリーで国内顧客を相手にするSMICには決算上はあまりダメージがなさそうに見える[31]。実際の影響は、EUV露光装置やさまざまな先端製造装置の輸入阻止による、将来の技術開発への影響にこそありそうだ。

米国政府はこの規制を今後、さらに世界中に広げようと画策する。2023年初頭には日本やオランダに半導体規制への協力を持ちかけ、合意に至った。今後は韓国のような国家にも広げていくだろう。そうなれば、中国としても先端半導体サプライチェーンへの介入を絶たれることとなる。

ただ、そのような広範な干渉には中国も黙っていない。米国が徹底的な規制を進めるのであれば、中国もより強力な反撃に出る可能性が高い。

中国は、ウエハーの原材料であるシリコンの世界最大の輸出国である[32]。2019年の産出量では約6割を占める。ウエハーに加工するためには、このシリコン結晶が必要だ。中国が輸出を規制すればシリコンの値上がりや不足が起こる。半導体材料に強い日本企業に大打撃になるばかりでなく、サプライチェーンの上流への影響が全体に広がるリスクもある。米国や日本の半導体製品に対する禁輸措置などもあり得る。

一方で、日本の半導体産業全体としては、ピンチでなくチャンスとも捉えられる。大規模サプライチェーン内では、ノウハウや人材、半導体メーカーによる海外拠点戦略の流動性が高まるからである。

「半導体業界の強みは、分断ではなく団結だ。真の進歩は、それぞれの長所を結びつけるような、国境を越えた協業にのみある」[33]

ベルギーにある先端エレクトロニクス研究機関imecのルク・ファンデンホーブCEOは、ラピダスとの大規模協業に際してこのように語っている。米中摩擦を食傷気味に見やりつつ、大規模サプライチェーンでの国家間連携を重要視する考え方を示した。

実際に、この大規模サプライチェーンが形成されれば、連携の機運によって先端半導体の関連技術が開発しやすい環境が生まれるかもしれない。「分断でなく団結」。国際連携の追い風をうまく活用できるかどうかが、今後の勝負を決めることになりそうだ。

参考文献

1　「経済施策を一体的に講ずることによる安全保障の確保の推進に関する法律（経済安全保障推進法）」、内閣府。https://www.cao.go.jp/keizai_anzen_hosho/

2　東方新報、「世界の70％を占める中国の５Ｇ基地局『４Ｇは生活を変え、５Ｇは社会を変える』」、日経クロステック、２０２２年８月３日。https://xtech.nikkei.com/atcl/nxt/column/18/01163/00022/

3　“U.S. secures deal with Netherlands, Japan on China chip export limit: Bloomberg, "NIKKEI Asia, Jan. 28, 2023. https://asia.nikkei.com/Business/Tech/Semiconductors/U.S.-secures-deal-with-Netherlands-Japan-on-China-chip-export-limit-Bloomberg

4　Lucy Chen、「Appleも依存する独走ＴＳＭＣ、台湾アナリストが語る地政学的リスク」、日経クロステック、２０２２年４月28日。https://xtech.nikkei.com/atcl/nxt/column/18/02041/00003/

5　"Gartner Says Worldwide Semiconductor Revenue Grew 1.1% in 2022, "Gartner, Jan. 17, 2023. https://www.gartner.com/en/newsroom/press-releases/2023-01-17-gartner-says-worldwide-semiconductor-revenue-grew-one-percent-in-2022

6　"New US EDA Software Ban May Affect China's Advanced IC Design, Says TrendForce, "TrendForce, Aug. 15, 2022. https://www.trendforce.com/presscenter/news/20220815-11338.html

7　「フォトマスク」、NIKKEI COMPASS、日本経済新聞Ｗｅｂサイト。https://www.nikkei.com/compass/industry_s/0252

8　TechInsightsのＷｅｂページ「2021 Top Semiconductor Equipment Suppliers」を参照。https://www.techinsights.com/blog/2021-top-semiconductor-equipment-suppliers

9 日本半導体製造装置協会（ＳＥＡＪ）やＳＥＭＩの２０２１年のデータによる。

10 大下淳一、木村雅秀、「【ＥＵＶ編（１）】ここ１～２年で勝負が決まる」、日経エレクトロニクス、２０１２年11月26日号

11 野澤哲生、「光源の開発にブレークスルー、当面はＡｒＦ液浸と共存」、日経エレクトロニクス、２０１７年９月号。 https://xtech.nikkei.com/dm/atcl/mag/15/00164/00002/

12 Samuel K. Moore, "GlobalFoundries Halts 7-Nanometer Chip Development > After installing extreme-ultraviolet lithography, foundry finds it doesn't have enough customers for it, "IEEE Spectrum, Aug. 28, 2018. https://spectrum.ieee.org/globalfoundries-halts-7nm-chip-development

13 CHENG TING-FANG and LAULY LI, "Exclusive: ASML chip tool delivery to China delayed amid US ire, "NIKKEI Asia, Nov. 6, 2019. https://asia.nikkei.com/Economy/Trade-war/Exclusive-ASML-chip-tool-delivery-to-China-delayed-amid-US-ire

14 Stephen Nellis, Joyce Lee and Toby Sterling, "Exclusive: U.S.-China tech war clouds SK Hynix's plans for a key chip factory, "Reuters, Nov. 18, 2021. https://www.reuters.com/technology/exclusive-us-china-tech-war-clouds-sk-hynixs-plans-key-chip-factory-2021-11-18/

15 「米、中国大手２社の通信機器　調達禁止へ」、日経電子版、２０１８年４月18日。 https://www.nikkei.com/article/DGXMZO29518200Y8A410C1000000/

16 "UNITED STATES DEPARTMENT or COMMERCE BUREAU OF INDUSTRY AND SECURITY WASIDNGTON, D.C. 20230, "U.S. Department of Commerce, Apr. 15, 2018. https://www.commerce.gov/sites/default/files/zte_denial_order.pdf

17 「中国通信機器大手ＺＴＥ、米制裁に猛反発」、日経電子版、２０１８年４月20日。https://www.nikkei.com/article/DGXMZO29648880Q8A420C1FF8000/

18 Stanford UniversityのＷｅｂページ「Full Translation: China's 'New Generation Artificial Intelligence Development Plan' (2017)」を参照。https://digichina.stanford.edu/work/full-translation-chinas-new-generation-artificial-intelligence-development-plan-2017/

19 「米国輸出管理改革法（ＥＣＲＡ）に関する基本的ＱＡ」、ＣＩＳＴＥＣ、２０１９年３月19日。https://www.cistec.or.jp/service/uschina/3-ecra_qa.pdf

20 "Addition of an Entity to the Entity List," "Federal Register The Daily Journal of the United States, Oct. 30. https://www.federalregister.gov/documents/2018/10/30/2018-23693/addition-of-an-entity-to-the-entity-list

21 「米、中台の半導体メーカーを起訴　産業スパイの罪で」、日経電子版、２０１８年11月２日。https://www.nikkei.com/article/DGXMZO37271500S8A101C1000000/

22 川上桃子、「米中ハイテク摩擦と台湾のジレンマ――ＪＨＩＣＣ‐ＵＭＣ事件からみえるもの」、アジア経済研究所、２０１９年４月。https://www.ide.go.jp/Japanese/IDEsquare/Analysis/2019/ISQ201910_002.html

23 "PRC State-Owned Company, Taiwan Company, and Three Individuals Charged With Economic Espionage," "Department of Justice, Nov. 1, 2018. https://www.justice.gov/opa/pr/prc-state-owned-company-taiwan-company-and-three-individuals-charged-economic-espionage

24 「令和２年　情報通信白書」、総務省。https://www.soumu.go.jp/johotsusintokei/whitepaper/ja/r02/html/nb000000.html

25 "Addition of Entities to the Entity List, Revision of Entry on the Entity List, and Removal of Entities From the Entity List," "FEDERAL REGISTER The Daily Journal of the United States Government, Dec. 22, 2020. https://www.federalregister.gov/documents/2020/12/22/2020-28031/addition-of-entities-to-the-entity-list-revision-of-entry-on-the-entity-list-and-removal-of-entities

26 角田昌太郎、「米国の半導体関連政策の動向：CHIPS and Science Actと対中輸出規制」、国立国会図書館、２０２３年４月18日。https://ndlonline.ndl.go.jp/#!/detail/R300000004-I12770617-00

27 「中国、米国をＷＴＯに提訴　半導体輸出規制で」、日経電子版、２０２２年12月13日。https://www.nikkei.com/article/DGXZQOGN130250T11C22A2000000/

28 ＺＴＥのＷｅｂページ「Investor Relations」を参照。https://www.zte.com.cn/global/about/investorrelations/corporate_report/annual_report.html

29 「ファーウェイ副会長『スマホ事業で４兆円規模の減収』」、日経電子版、２０２１年９月24日。https://www.nikkei.com/article/DGXZQOGM2496F0U1A920C2000000/

30 ファーウェイの「Huawei Annual Report」を参照。https://www.huawei.com/en/annual-report

31 ＳＭＩＣの「Investor Relations」を参照。https://www.smics.com/en/site/investor

32 "MINERAL COMMODITY SUMMARIES 2023," "U.S. Geographical Survey, Jan. 31, 2023. https://pubs.usgs.gov/periodicals/mcs2023/mcs2023.pdf

33 "Rapidus, Japan's newly founded chip manufacturer, joins imec's Core Partner Program," "imec Press release, Apr. 4, 2023. https://www.imec-int.com/en/press/rapidus-japans-newly-founded-chip-manufacturer-joins-imecs-core-partner-program

スピード、スピード、スピード！

「ＡＩ（人工知能）時代のファウンドリーが必要です」

２０２３年５月17日、ベルギー・アントワープ。アールヌーヴォー風の歴史的建造物「クイーン・エリサベス・ホール」に男の声が響いた。壇上に立つのは、ラピダスの小池淳義社長である。

このイベント「ITF World」は、ベルギーの研究機関ｉｍｅｃが年に１度開催する。世界中の半導体関連企業の経営トップが、技術の未来を語る一大イベントである。２０２３年は、日本からも小池社長らが登壇した。

「スピード、スピード、スピード！」。小池社長はこの日、ラピダスの経営戦略の一端を明らかにした。巨大なスライドにこう映し出されたように、「いかに速く半導体を製造するか」に焦点を当てたプレゼンだった。

その論理はこうだ。ＡＩは今後、さまざまな電子機器に組み込まれていく。製品開発には競争力がさらに求められ、加えてそれぞれの半導体に搭載される機能が異なる。つまり、少量多品種による迅速な生産の時代が到来する。「半導体生産は根本的に変わらなければならない」と小池社長は説明した。

ラピダスは、新たなビジネスモデルで運営する。「ＲＵＭＳ（ラムス、ラピッド・アンド・ユニファイド・マニュファクチャリング・サービス）」と名付け、半導体製造の期間を２分の１にまで短縮する野望を打ち出す。

当初主流だったのは、半導体製造の企画から設計、量産までを自前で担うＩＤＭ（垂直統合型デバイスメーカー）方式である。そこから水平分業型への移行が進み、企画や設計はファブレスメーカー、量産はファウンドリー、パッケージングはＯＳＡＴ（後工程受託製造）と役割分担が進んでいった。

一方、ラピダスは設計・量産・パッケージングまでを統合して提供する。ＩＤＭとの違いは、半導体製品の企画、つまり仕様の決定や内部のアルゴリズム開発は行わないことだ。あくまでラピダスは製造受託会社であり、自前では製品開発・販売はしない。このような体制であれば、水平分業とは違い、社内で同時並行的に改善・効率化を進められる。興隆が期待される生成ＡＩ用や自動運転の画像認識用など独自のＡＩ半導体開発企業をターゲットに据える。

「ノー・リタイアメント（引退は存在しない）」

小池社長がこう話すと、会場にその日一番の笑いが巻き起こった。会場には小池社長と同年代の出席者が多い。半導体業界には目が離せない不思議な魔力があるようだ。

ラピダスはこの魅力的なコンセプトを実現できるか。２０３０年には、その答えが分かる。

5 「国プロ」の黒歴史を越えて

日本の半導体復権は果たせるのか。ラピダスは、量産にたどり着き、政府からの支援から独り立ちし、ビジネス的に成功することができるのか――。これらの疑問に対し、執筆時点では明快な答えは出せない。明かされていない情報や未確定事項が多く、それを判断することが難しいからだ。だが、確かなこともある。それは、日本の半導体、特に先端半導体製造に追い風が吹いていることだ。半導体を巡る世界情勢という風をつかまえられれば、復権にたどり着く道が開けてくる。

そのために重要なのは、経済産業省が主導した過去の半導体戦略の失敗の原因を探り、それを繰り返さないことだろう。この章では、日本半導体の現在地を俯瞰(ふかん)していく。

世界の半導体業界は今、変化の大波の中にいる。国際情勢と技術の両面においてかつてとは違う状況が生まれているのだ。

国際情勢では、米中新冷戦のあおりを受けて、新たなサプライチェーンが構築されつつある。半導体不足によるサプライチェーン混乱、米中摩擦による「地産地消」傾向、台湾有事懸念とウクライナ侵攻で再認識された半導体の重要性――。こうした地政学的背景から、国内への製造基盤を確立する動きが活発化していることは、これまで見てきた通りだ。各国政府が大規模な助成金によって、工場建設を推進する動きが見られる。

半導体技術においては、ゲームチェンジの波も来ている。半導体の微細化の物理限界が近づき、先端半導体の進化のスピードが減速するとともに、製造コストの増大が顕著となってきている。処理すべきデータが増えるにつれて、半導体チップに搭載するトランジスタ数の増大要求は際限なく増えていく。その結果、微細化を進める一方で、異種チップ集積（ヘテロジニアスインテグレーション）や光電融合といった技術の採用が進みつつあるのだ。

異種チップ集積は、半導体製造過程の後半を担う「後工程」での技術トレンドだ。後工程ではまず、ウエハーからICチップを切り離す。これを外部端子を持つパッケージ基板に接合し、樹脂で封止する。後工程技術である異種チップ集積が注目を集めるのは、半導体の微細化に頼らず性能を向上できるからだ。

異種チップ集積は次世代パッケージング技術の1つ。ICチップ同士を平面接続したり、積層したりして連結。複数チップを1つのチップのように扱って高性能を実現する技術である。

ここで、半導体製造装置と肩を並べる日本の強み、半導体材料が生きてくる。

「日本には多くの優れた材料メーカーがあります。その材料は、台湾や韓国などの最先端パッケージで使われています。そうした材料メーカーと緊密に連携していけば、（異種チップ集積でも）海外にキャッチアップしていけるでしょう」

こう自信を見せるのは、ラピダスの3Dアセンブリ本部長、折井靖光・専務執行役員である。ラピダスが手掛けるのは「前工程」と呼ばれるトランジスタの量産ばかりではない。

ラピダスの折井靖光・専務執行役員（撮影＝日経クロステック）

異種チップ集積にも「本気で取り組む」（折井専務）。この新技術について、異種集積で必要となる技術要求のロードマップをラピダスが掲げ、国内材料メーカーの道しるべにしたい考えだ。

異種チップ集積で材料メーカーが重要になる理由の1つは、ICチップ同士の接続にある。後工程の1つである「パッケージング工程」では、ICチップとパッケージ基板を接続し、信号および電源供給のための通路を確保する。この通路の先には、パッケージ同士をプリント基板上で接続するための端子がある。

次世代パッケージング技術では、このパッケージ工程で、チップ同士を接続する。ここでは、これまでよりも微細な配線が求められるために、材料メーカーの出番になる。

日本は実のところ、後工程の材料や製造装置で圧倒的なシェアを見せる国である。例えば、材料で存在感のある一社がレゾナック（旧・昭和電工）だ。後工程材料の売上高は1800億円超で、世界首位として独走している[1]。

イビデンという岐阜県に本社を置く企業もある。一般的にあまり知られていないものの、同社は世界の先端半導体パッケージング市場で首位（2020年時点）を占める一大企業である[2]。富士通子会社の新光電気工業がその後を追う。

「米インテルや台湾積体電路製造（TSMC）にとって、両社の基板がなければ事業が成立しません。それくらい極めて重要な企業です」

経産省の荻野洋平室長はこう自信を見せる。実際、インテルやTSMCにとって、日本の材料メーカーは極めて重要なサプライヤーだ。

例えば、イビデンの2022年度（米国会計基準）における純売上高は約4000億円だった。インテル向けの売上高が、そのうちおよそ4割の約1700億円を占める[3]。

TSMCも日本の材料メーカーと関係が深い。それを分かりやすく示す研究開発施設が茨城県つくば市にある。3次元実装（3Dパッケージング）の量産化を目指す「TSMCジャパン3DIC研究開発センター」だ。

2022年に開設された同施設では、TSMCが日本の材料メーカーと共同で研究開発を進める。パートナー企業はイビデンを筆頭に、新光電気工業や信越化学工業、JSR、長瀬産業、レゾナック（開設時点では昭和電工マテリアルズ）といった日本を代表する材料メーカーである[4]。

こうした期待に応えるように、イビデンは過去に類を見ない巨額投資に動いている。岐阜県大野町に半導体パッケージング基板工場を建設し、約２５００億円を投じる。敷地面積は東京ドームより大きい約15万平方メートル。同社としては過去最大の規模で、国内の半導体関連投資としても規模が大きい。２０２５年度に稼働開始を予定する[5]。

経産省も、イビデンの工場建設を後押しする。２０２２年度の第2次補正予算から、最大で４０５億円を助成することを決めた[6]。半導体での国内製造基盤の確立に関連した動きである。

つまり、ＴＳＭＣやインテルのような、世界の半導体で第一線を走るメーカーが日本に期待をかけている。微細化の次のステージである３Ｄパッケージング技術で、日本の材料メーカーが活躍すると見られているからだ。

「海外の半導体メーカーは、後工程拠点として日本への期待があります。ＴＳＭＣの３ＤＩＣ研究開発センターはその先駆けでした」

荻野室長がこう述べるのは、後工程拠点を建設する動きが日本国内に出始めているからだ。前述のＴＳＭＣに加えて、韓国サムスン電子とインテルの2社も日本の先進パッケージング技術に触手を伸ばす動きが見られる。

ロイター通信の報道によれば、サムスン電子は日本国内にパッケージング工程の試作ライン拠点を設置する検討に入ったという[7]。対するインテルも「日本への後工程工場設置に前向き」(ある半導体業界の関係者)という噂がある。

こうした動きを受けて、経産省も戦略を練る。「LSTC先端パッケージ研究所」と呼ばれる拠点を置く計画だ[8]。東京工業大学や大阪大学、横浜国立大学などの次世代パッケージング技術コンソーシアムを束ね、国内に同技術のパイロットラインを設置する。ここで開発した材料・装置を世界の半導体メーカーやファウンドリーに提案し、存在感を発揮したい考えである。

日本の強みは「すり合わせ」

では、日本の材料メーカーの強さの秘訣はどこにあるのか。その1つが「すり合わせ」にある。異種チップ集積のような技術では、さまざまな材料メーカーや装置メーカーが関わり、連携して製造に向ける。

「(異種チップ集積では)すり合わせが重要になります。チームワークを重んじる日本は文化的に向いているといえるでしょう」

ラピダスの折井専務はこう力を込める。筆者が別のエンジニアに聞いた話を総合するとこういうことだ。

異種チップを同じパッケージ内で集積するために、いくつもの装置や材料が必要になる。

世界最初のマイクロプロセッサー「Intel 4004」（出所＝インテル）

材料側は装置の特性、装置側は材料の特性を考慮した上で微調整を繰り返す。日本のエンジニアは、材料なら材料、装置は装置といった自分の領域にとどまらず、製造工程全体を見渡す。「どのような状態にして次の製造工程に渡せば、最終製品が良くなるか」を考えた上で仕様を決めていくことをやり切るという。

日本半導体のこれまで

日本半導体の歴史は、すり合わせによる成功と失敗の歴史でもある。日本の半導体産業は実際、これまでも連携を得意としてきた。例えば、1976年に発足した官民プロジェクト「超LSI技術研究組合」はその代表例である。日本半導体の製造装置・材料メーカーはこの組合での各社連携を通して芽吹いたといえる。

超LSI技術研究組合は日本半導体の黄金期において、その一翼を担った存在だ。日立製作所や東芝、NEC、三菱電機、富士通といった、世界にその名を轟かせた企業が参画した。

きっかけの1つは、米アイ・ビー・エム（IBM）の将来計画にあった[9]。「次世代コンピューター」に超大規模集積（超LSI）の半導体メモリーを搭載するという噂が広まったからだ。当時、半導体メモリーの一種であるDRAMの普及が進んでいた。インテルが1970年に開発したDRAMは、情報量の単位であるビットが技術進歩の基準になる。ビットが増えるほど、より多くの情報を記録できるからだ。

当初1024（1K）ビット程度だったDRAMは、次第に4倍となる4096（4K）ビットに進化していった。そんな時、「IBMは1M（メガ、100万）ビットを実現したらしい」という噂がまことしやかに広がった。

「そんなまさか。これからのコンピューターはIBMが押さえてしまうのでは……」。日本国内の半導体メーカーは焦った。対抗策として、日本のトップメーカーと日本政府が連携して超LSI回路を研究開発する体制ができたという経緯である。政府の補助も手厚い。1976年度から4年間で290億円を助成した。これは、研究開発費全体のおよそ4割にも達する。

超LSI技術研究組合は、基礎的な技術を共同開発する方向で始動した。応用的な技術では、各社が他社への技術流出を恐れ、開発がうまくいかない可能性があったからである。

大きなテーマは半導体製造装置・材料の国産化だった。それまで海外からの輸入に頼っていた状況を変えるためだ。実際に、電子回路のパターンを描写する「電子ビーム描画装置」、半導体露光装置に使う「ステッパー」といった製造装置、シリコンウエハーといった材料の国産化に成功している[10]。現在にまでつながる日本の強みを形作った組織だった。露光装置を手掛けるキヤノンやニコンにとっても弾みをつける絶好の機会となった。

超ＬＳＩ技術研究組合は米国にも衝撃を与えている。日本企業が共同で大規模集積回路に取り組むこの姿勢は、米国ではあり得ないものだった。米国内は「反トラスト法」により複数企業の示し合わせによる市場独占が禁止されていた経緯がある。半導体企業同士の大規模協業は、市場独占につながる可能性があることで難しかった。

米国はその後、日本の動向を危惧し、反トラスト法の下でも大規模な共同開発ができるようにした。１９８７年に類似の官民コンソーシアム「セマテック」を設立。現在では世界規模のコンソーシアムとして、半導体製造技術を共同開発する。日本は世界規模の組織にはつなげられず、官民合同組合の取り組みはここでいったんの幕を下ろした。

こうした、すり合わせや連携といった強みがあるにもかかわらず、日本はその後、半導体製造で地位を低下させてしまった。

１９８８年、世界に占める日本の半導体売り上げシェアは約半分を占めていた。だが、１９９０年代から次第に没落。２０２１年には６％にすぎず、米国や韓国、台湾にシェアを譲っている。

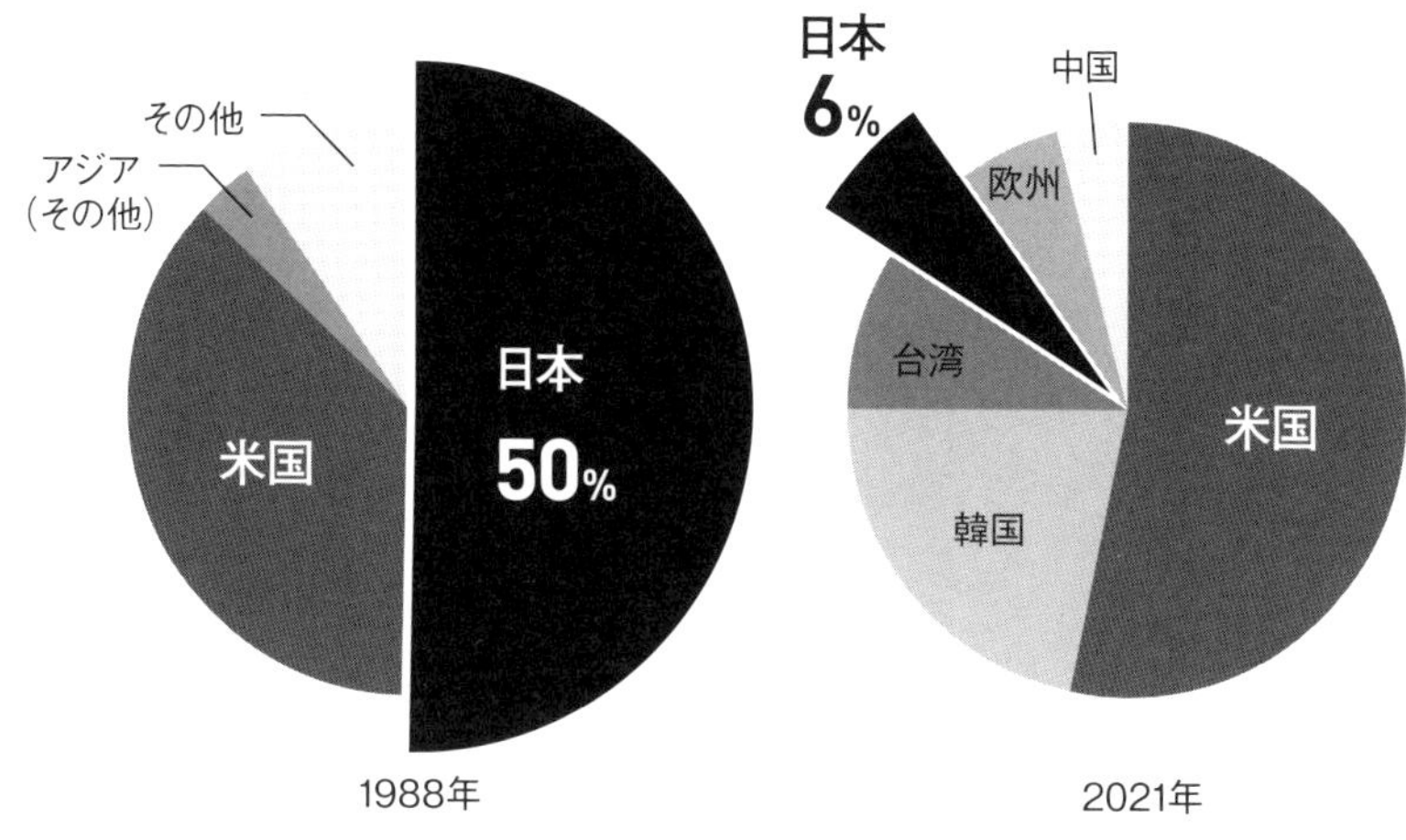

日本半導体のシェア推移（出所＝経産省と米ICインサイツの資料を基に日経クロステックが作製）

日本の半導体メーカーの強みは、横の連携に加えて、歩留まり（良品率）の高さにあった。インテルなどの米半導体メーカーと比べてもその歩留まりは圧倒的に高かった。1985年には、日本企業が同社をDRAM市場から撤退に追い込むまでに至っている。

ところがこの時代は、パソコンの普及が間近に迫っていた。超LSI技術研究組合設立の5年前となる1971年には世界最初のマイクロプロセッサー「Intel 4004」が発売された。マイクロプロセッサーは、演算・制御などの機能を小型な半導体チップで完結できる。大型コンピューターが当たり前だった時代から、個人コンピューター（パソコン）の登場を促した。そして1974年、最初期のパソコン「Altair 8800」が発売され、その後、さまざまなパソコンが各社から販売されるようになる[11]。1981年ごろに起きた「IBM PC」の爆発的ヒットを予感させる時期だった。

日本の半導体メーカーはここで、経営戦略を見誤った。高い歩留まりを維持し続けるためには、高い価格で提供することになる。この方向性が比較的安価なパソコンの時代と見合わなかった。

この時、日本よりも低品質だが、その分低価格な製品が韓国から台頭してきていた。サムスン電子のＤＲＡＭである。

時代に即していたのは日本企業でなく、サムスン電子のほうだった。結果、日本のＤＲＡＭ市場は１９９８年、韓国に追い抜かれた[12]。

「(時代の)転換点に来ると、これまでの戦略的構図が消え去り、それに代わって新たな構図が生まれることになる。その構図にうまく適応できる企業であれば、より高いレベルに達することもできる。だが、ここでかじ取りを誤ると、ある頂点を通過した後に下降線をたどることとなる。この転換点に差し掛かって初めて、経営者は困惑し、『何かが違う。何かが変わった』と気付く」[13]

インテルの立ち上げに携わったアンドルー・グローブ氏は後年、その著書『パラノイアだけが生き残る(Only the Paranoid Survive)』の中でこう振り返っている。パソコンは１つの転換期であり、日本企業はここで判断を見誤ったということになる。

１９８６年は、日本半導体にとっての凋落(ちょうらく)のトリガーとなる年だった。日本によるＤＲＡＭの海外輸出を制限する内容を盛り込んだ「日米半導体協定」が締結された。米政府は日本の半導体企業がダンピング(価格不正)輸出をしているとし、低価格での販売を

セミコン・ジャパン2022のパネルディスカッションの様子。写真中央が自由民主党の甘利明氏(撮影＝日経クロステック)

阻止。日本のDRAM市場での低迷が進んでいった[14]。

日米半導体協定は、日本のDRAM市場衰退への1つのきっかけにすぎない。経営のかじ取りが遅れ、インテルやサムスン電子の経営戦略に大敗したというほうが正確だろう。

それからラピダス設立の発表に至るまで、半導体復権は果たせていない。

「国プロ」のしかばねを越えて

2022年11月11日。ラピダスの記者会見は、熱気にあふれていた。だが、筆者の周りの記者には冷めた見方があったことも確かだ。その理由は、これまで幾度となく失敗を続けた半導体戦略にある。

「過去の半導体戦略は失敗でした」

自由民主党の甘利明氏は、2022年の半導体装置・材料の展示会「セミコン・ジャパン 2022」でこう断じた。この発言は、半導体関係者にとって衝撃的なものだった。政府関係者が半導体戦略の失敗を認めることは、これまでにほとんどなかったからだ。

政府主導の半導体戦略が本格的に立てられ始めたのは、超ＬＳＩ技術研究組合の設立から四半世紀がたった２００１年度からである。「ＭＩＲＡＩ（みらい）」（２００１～２０１０年度）、「あすか」（２００１～２００５年度）、「ＨＡＬＣＡ（はるか）」（２００１～２００４年度）の３大プロジェクトに始まり、「ＤＩＩＮ」（２００２～２００７年度）、「あすかⅡ」（２００６～２０１０年度）、「つくば半導体コンソーシアム（ＴＳＣ）」（２００６～２０１１年度）……と目まいがするほどに多くの半導体戦略が立案されては消えていった。

それぞれ数十～数百億円規模の予算が投じられ、日本を代表する半導体メーカーがこぞって参画した。にもかかわらず、現在に至るまで半導体復権を果たせなかった。その大きな理由の１つが、出資社である半導体メーカー側が、成果を経営にうまくいかせなかったことにある。

これらのプロジェクトは明確に失敗といえるものもある。例えば、２００２年に設立されたＥＵＶＡ（極端紫外線露光システム技術開発機構）はその１つである。

「日本人は目標さえ明確に決めれば必ずやり遂げる。２００５年には（ＥＵＶ露光装置の）実用機を完成させます」[15]

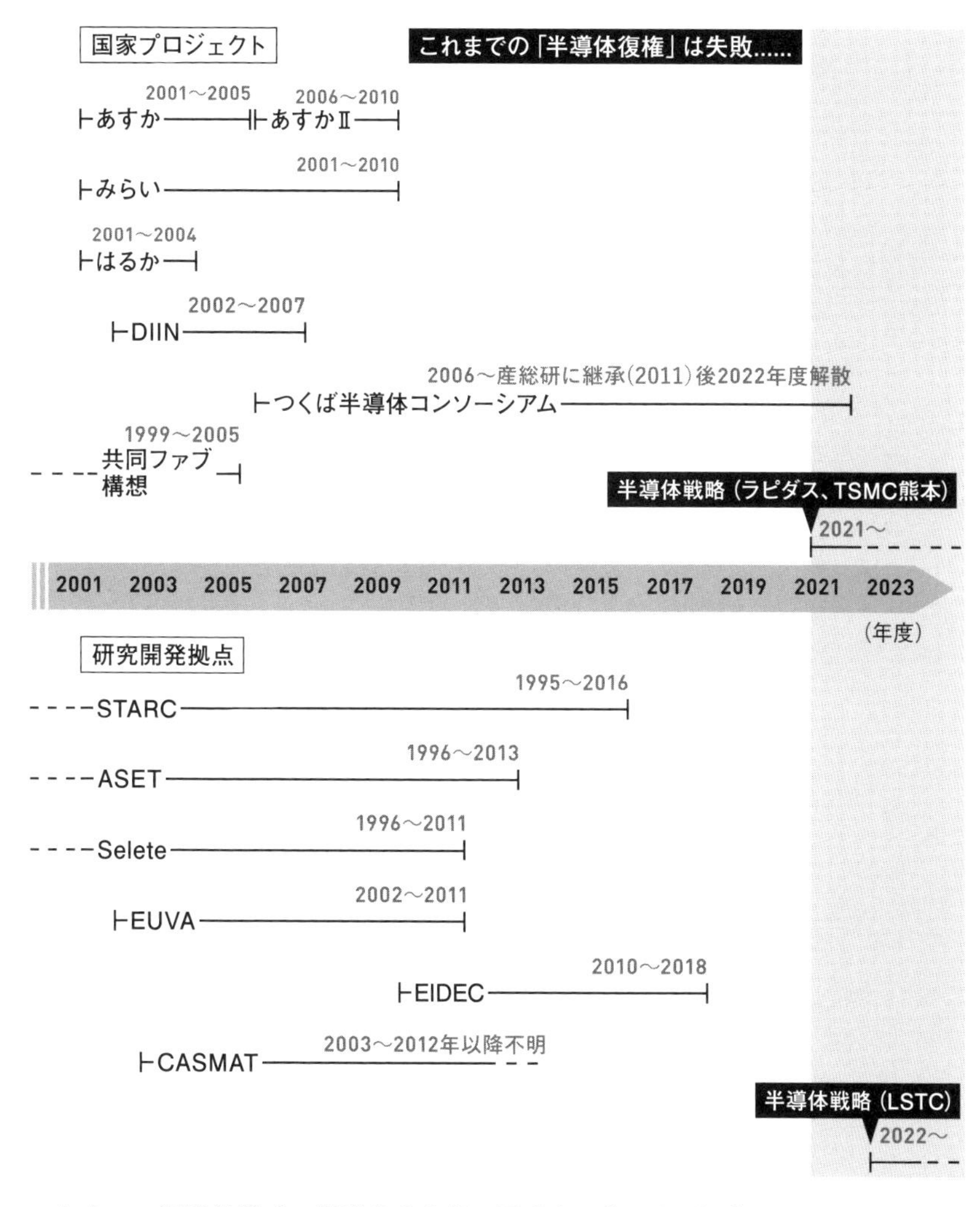

これまでの半導体戦略。半導体黄金期の再現を目指したが、振るわないものが多かった（出所＝日経クロステック）

設立当時、同プロジェクトのリーダーを務めた大学教授はこう意欲を見せていた。設立メンバーはニコン、キヤノン、ウシオ電機、ギガフォトンといった露光装置関連のメーカーが粒ぞろい。さらに、東芝や日立などの半導体メーカーも加わっている。だが実際には、EUV露光装置は実用化できなかった。オランダASMLに市場を譲ってしまった。

とはいえ、個々の半導体戦略を単純にそしることはできないだろう。ほとんどの半導体戦略が当初立てていた目標を達成できているからである。

問題はむしろ、半導体市場の獲得のための前提が抜けていたことにある。つまり、半導体復権のためには「要素技術」も必要だが、それ以前にその技術を誰が使い、どのようにビジネスにつなげていくのかという「現状分析」や、そこから導かれる「経営戦略」が不可欠だった。「良い技術をつくればなんとかなる」という発想が国内に残っていたことは否めない。

これまでのプロジェクトは「種」である要素技術の研究開発に重きを置いていた。半導体メーカー側はこれをうまく生かせなかった。結果、技術は豊富に生み出されたが、日本半導体メーカーの復活には届かなかった格好だ。

「ケータイ」ゲームチェンジで逆転狙う

ここで、2001年までに雨後のたけのこのごとく繰り返されてきた半導体国家プロジェクトをもう少し詳しく見てみる。これまでの課題を浮き彫りにし、そこから、ラピダスとの違いを明確化したい。

プロジェクトの発端は、1999年のある提言だった。半導体の権威が、日本経済新聞に論文を発表したのだ。発表者は、当時日立にいた牧本次生氏。日立で半導体技術者として活躍し、日米半導体協定の交渉の場で日本の民間側団長を務めた人物である。つまり、当時の日本半導体を代表するような存在だった。

「半導体産業再生へ、産官学で戦略推進機関を」

これがその見出しだった。日本の半導体メーカーのシェアが10年前と比べて半分になっていることを指摘し、1990年代からの携帯電話の普及を「ポストパソコン」時代とみた。この機会に、日本は中長期の半導体戦略を練るべきだ、という提言である[16]。

それは、パソコンの時流に乗れなかった日本半導体への反省でもある。新たな時代の波に乗り、1980年代の栄光を取り戻そうという気概を示した。

この提言に押されるようにして2001年、3つの半導体プロジェクトが始まった。前出の、みらい、あすか、はるか——である。

みらいプロジェクトは、70~50ナノメートルの半導体材料技術などを開発するために発

プロジェクト名	あすか	みらい	はるか
開発分野	設計、製造	製造	量産
設計ルール(半導体の世代)	100～70nm	70～50nm	130nm
プロジェクトリーダー(2001年時点)	杉原瀬司氏(NECエレクトロンデバイスカンパニー社長)	廣瀬全孝氏(次世代半導体研究センター(ASRC)長)	大見忠弘氏(東北大学教授)
資金源	民間	政府	民間・政府
主な開発組織	STARC(設計)、Selete(製造)	ASRC、ASET	ASET、民間企業
人員(2001年時点)	約350	約100	約30(推定)
主な活動拠点	つくばスーパークリーンルーム	つくばスーパークリーンルーム	つくばスーパークリーンルーム

2001年代の半導体3大プロジェクト。データは2001年時点のもの(出所＝日経マイクロデバイスの資料を基に日経クロステックが作製)

足した。2010年度の解散までに投資された額は300億円以上に達する。

『日経マイクロデバイス』はプロジェクト始動時、リーダーの廣瀬全孝氏にインタビューを実施している。同氏は産業技術総合研究所(産総研)内の次世代半導体研究センター長だった。インタビューで廣瀬氏は、こう意気込んだ。

「みらいは旧来の国家プロジェクトとは全く違います。第1に責任の所在が明らかです。第2に目標の設定が明確です。第3に人材重視の運営を実践します。第4に原理・原則に立ち返った論理的な研究手法を追求します」[17]

みらいの当初の目標とは、電流のリークを防ぐ絶縁膜や、新構造トランジスタ、露光関連といった要素技術の開発である。

みらいの解散は2010年度。これらのいくつかの目標は達成されており、半導体メーカーやデバイス・材料メーカーなどに技術転用されている。

2番目のあすかプロジェクトの目標は、70～100ナノメートルの半導体設計と材料開発だった。その予算は760億円で、国内の参画企業は日立や三菱電機など国内半導体の大手メーカー12社。韓国からはサムスン電子も加わっている[18]。

ただ、国家プロジェクトであるものの、目標は比較的低かった。この世代は当時、海外のファウンドリーや半導体メーカーも開発に取り組んでおり、「勝てる保証はない」(同プロジェクト推進チームの小切間正彦リーダー)からだ。

「むしろ10年後を見据えて、(半導体人材)教育という基盤を作ることが重要とみています」[19]

小切間氏は、あすか始動前の日経マイクロデバイスのインタビューにこのように答えている。あすかは2005年度まで続き、2006年度からは「あすかⅡ」として再始動した。

同氏が述べるように、両プロジェクトは人材育成を重視したもの。経産省が毎年公表する工業統計調査では、実際に2006年ごろ半導体人材が2万人以上増加していることが見て取れる。一定の成果があったことが分かる。

最後に、はるかプロジェクトである。同プロジェクトは低コスト・短期間で製造できる半導体工場の設立を目指した。参画企業も他の2プロジェクトと異なっており、東京エレクトロンのような製造機器メーカーや熊谷組のような建設会社まで加わった。参画企業が投資した費用は125億円に上る[20]。

はるかが目指したのは、大量生産から少量多品種への工場転換だった。当時はいわゆる

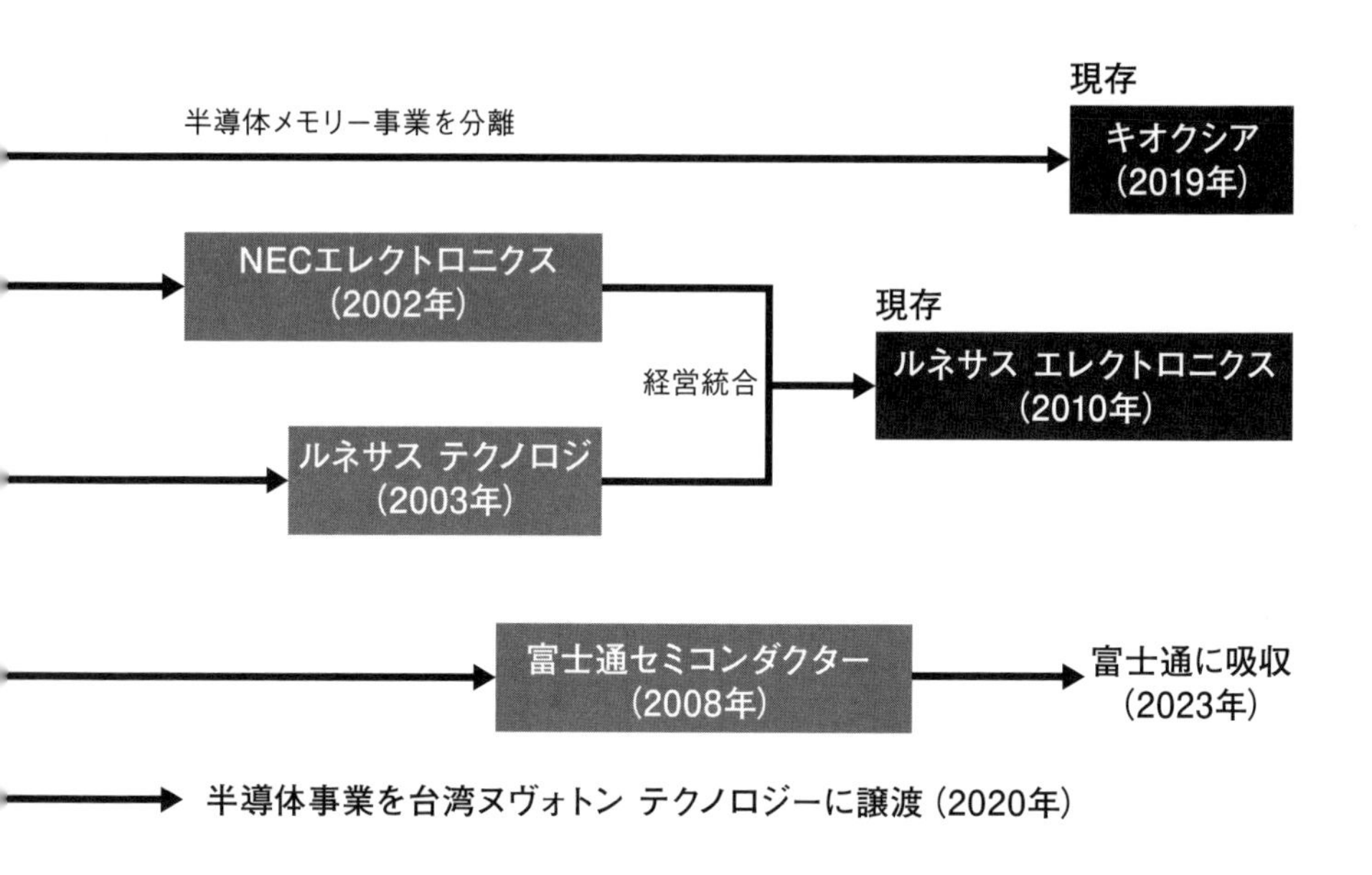

「メガファブ」と呼ばれる大規模工場が主流。製造規模が大きければ大きいほど、1つの半導体製造にかかるコストが小さくなり、「規模の経済(スケールメリット)」が生まれるからである。だがこの頃、半導体市場の主な需要は携帯電話機やデジタルカメラ、ゲーム機といった民生機器にあった。マイナーチェンジが続くこれらの機器では、比較的少量かつ短期間での納入が求められる。メガファブからの移行が欠かせなかった。

そこで、はるかではミニファブによる短期間かつ少量多品種な方式を検討した。はるかは2004年度に解散し、成果を残したといえる。ただ、それを適用して国内市場を拡大させる半導体メーカーは少なかった。

それもそのはずである。3大プロジェクトが始まった2000年代は、国内の半導体メーカー側で黄色信号が出始めていた時期とちょうど重なる。国内メーカーには1980年代のような体力はもはや

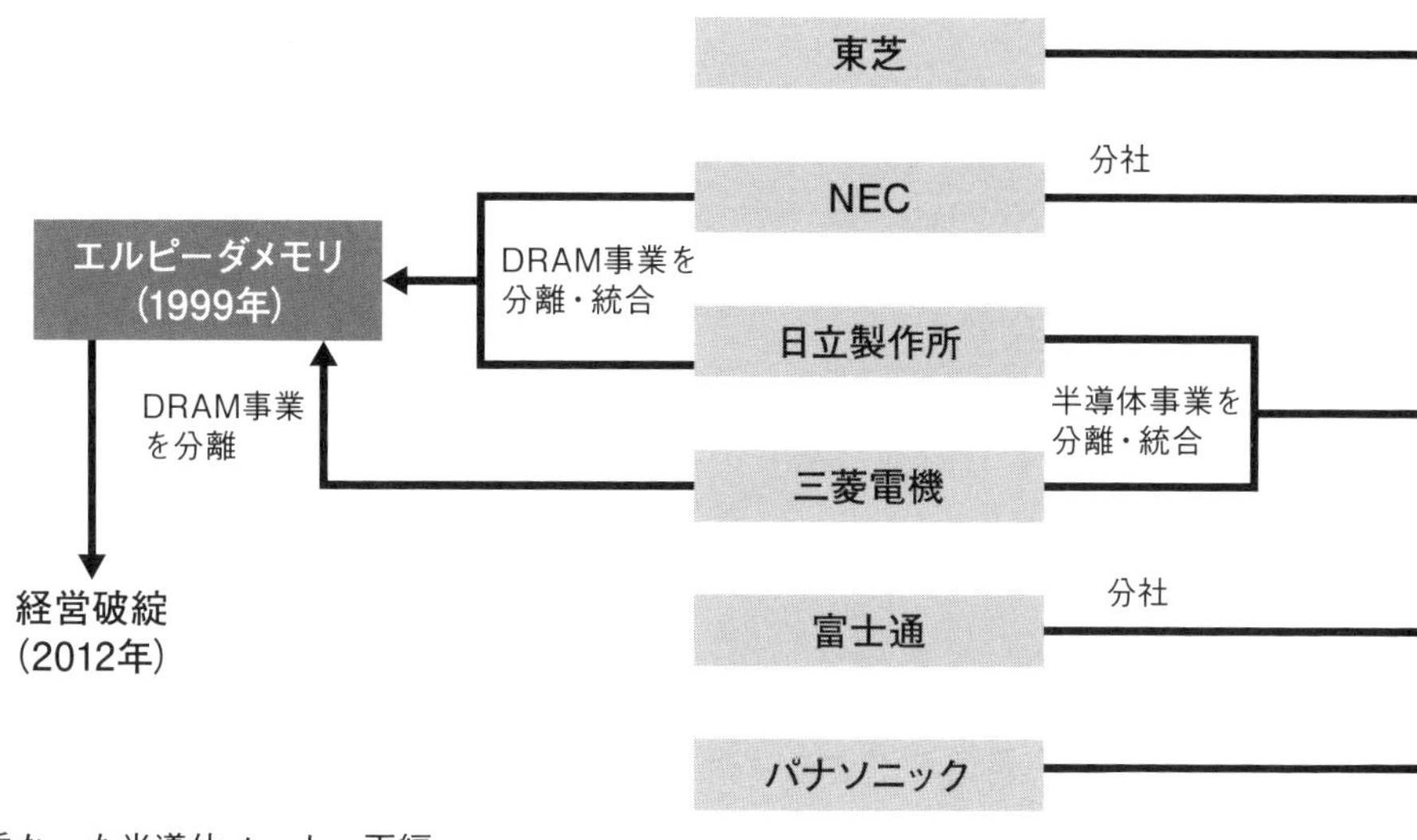

重なった半導体メーカー再編（出所＝日経クロステック）

なく、会社の分離・統合・再編が繰り返された。日立やＮＥＣ、三菱電機、富士通、パナソニック、東芝といった半導体の代表企業が総崩れになっていった。

３大プロジェクト始動の２年前となる１９９９年。まず、ＮＥＣと日立、後には三菱電機がＤＲＡＭ事業を分離。エルピーダメモリ（設立時はＮＥＣ日立メモリ）という新会社を設立した。２００２年にはＮＥＣがさらに分社し、ＮＥＣエレクトロニクスを設立。日立と三菱電機は半導体事業を分離・統合し、ルネサス テクノロジを設立。２００８年には富士通が分社して富士通セミコンダクターを設立した[21]。

この動きは２０１０年代も続く。２０１０年、ＮＥＣエレクトロニクスとルネサス テクノロジが経営統合してルネサス エレクトロニクスを設立。新会社エルピーダメモリは２０１２年に経営破綻する。2019年には東芝の半導体メモリー事業がキオクシアとして分離した。パナソニックの半導体事業は2020年、台湾の半導体企業ヌヴォトン テクノロジーに事業譲渡された。さらに2023年、富士通セミコンダクターが富士通に吸収合併される形で消滅している。

半導体復権を目指す国家プロジェクトは、半導体メーカーの没落期とちょうど重なってしまった。メーカーは半導体に注力できず、各社の経営戦略に国プロは関わることが難しいため、そのまま成果が十分に生かされずに終わってしまったというわけだ。

2000年代の「ラピダス」

実は、過去のプロジェクトの中には、「日の丸ファウンドリー」計画もあった。最先端プロセスを試作製造するファウンドリーを日本に設置。日本の代表的な半導体メーカー11社が出資し、国費から315億円を出資する。あすか・みらいのような国家プロジェクト、STARCのような新研究開発拠点の成果を検証する――。こう聞くと、ラピダスとあまりに似通っている。だが、これは2002年に設立された「ASPLA(アスプラ)」という会社の概要である[22]。

アスプラの当初の目標はこうだ。90ナノメートル世代の半導体のプロセスルールを標準化し、試作検証する。回路設計も行い、IPとして昇華する。最終的にはユーザーに対しての設計プラットフォームを提供する。

「2004年にアスプラが多数のLSI（ICチップ）を試作し、それをLSI各社が量産するようになれば、アスプラの改革は成功といえるでしょう」。アスプラの川手啓一CEO（当時）は、日経マイクロデバイスのインタビューにこう答えている[23]。ここでいう改革とは、従来の設計から量産までを手掛けるIDM（垂直統合型デバイスメーカー）のビジネスモデルから、量産をファウンドリーに委ねる水平分業型への転換だ。日本の半導体業界の課題として、IDMに固執し、効率が悪いという点があった。

さらにその1年前に始動していた半導体3大プロジェクトにも課題が見えていた。

その課題とは、国プロの実用先が不在であることである。進行していた、みらいやあすか、はるかといったプロジェクトは実用先が見えていなかった。要素技術を開発しても、半導体メーカー側がそれを使って半導体市場の拡大につなげられなかった。半導体メーカーがこれらのプロジェクトの成果を検証できる試作ラインや量産ライン、つまりファウンドリーがあれば、この状況を変えられるかもしれない。

水平分業型への大転換。国プロの実用先探し。この2つの問題点を解決する、思い切ったアイデアはあるか――。そこで出てきたのが、「共同ファブ構想」と呼ばれる計画である[24]。

まず、アスプラが当時最先端だった90ナノメートルの半導体を試作・検証する。並行してプロセス（製造）ルールを標準化することで、参画する半導体メーカーが誰でも製造に向けられるようにする。

このルールを基に、国内半導体メーカーが回路を設計する。これを「マスタ・ファブ」と呼ばれるファウンドリーで量産に向ける。日立、富士通、三菱電機。日本の代表的な半導体メーカーが一丸となり、最先端半導体の設計・開発を加速させる考えだった。第1章で見てきたように、量産を担うマスタ・ファブの第1候補は、トレセンティテクノロジーズだった。同社は2000年、日立と台湾ファウンドリー大手UMCが合弁して設立された。300ミリウエハーを使い、半導体を素早く製造することを特徴としていた。

しかし、この大計画は結実しなかった。

アスプラは設立からわずか3年後、2005年に解散に至っている。ただ、国費315億円に加え、半導体メーカーが全体で18億5000万円もの大金を出資している。国策企業としては何らかの成果が必要だった。

最終的に残ったのは、相乗りで半導体製造できる「試作シャトルサービス」のみだった。90ナノメートル半導体を格安で製造できるのが特徴である。2005年以降、STARCやNECエレクトロニクスがこの試作ラインを譲り受け、活用に向けた。

トレセンティは、日立の経営方針の変更によって、新会社ルネサス テクノロジ（現・ルネサス エレクトロニクス）に吸収合併される形で消滅した。2005年、トレセンティの消滅によって、共同ファブ計画は夢に終わった。

アスプラはなぜ失敗したのか。大きな原因は「半導体メーカー11社の出資」にこそある。アスプラ内部で各社の駆け引きが生まれ、国内業界全体としての成果につながらなかった。半導体メーカーはプロジェクトに参画していても、自社の量産ラインには独自の仕様を使っていた。プロジェクトで開発した要素技術は、技術流出の懸念から「基礎・共通的」なものがほとんど。平均的であることがかえって、どの会社にも商業的に使いにくいという結果をまねいてしまっていた。超LSI技術研究組合ではこの方針で大成功を収めたため、その経験を追いすぎた形である。だが、共通的な製造装置と独自性が重要な半導体製品では勝手が違っていた。

当時の国内半導体メーカーは、表面上はアスプラに協力しながらも、水面下では各社が独自に90ナノメートルの設計・製造を進めていた。独自に他社との差異を出しつつ、自社にとって使いやすい半導体を作りたかったためである。

その代表例として、参画社の1社だった富士通は2003年、90ナノメートルの半導体設計・製造サービスを始めている。アスプラと互換性のない、独自のプロセスだった。ただ、富士通に限らず参画社のほとんどが同じ思いを胸の内に秘めていた。

日本の半導体メーカーはIDM型であり、各社で半導体を量産できる。アスプラでの各社共通プロセスの整備を待っていれば、他社との競争に出遅れてしまう。そのため、アスプラが出る幕はなかった。2005年、同社は泡と消えた。

「ビジネスには直結しなかった」

アスプラに参加した多くの半導体メーカーの多くは2006年、『日経ビジネス』の取材に対して、こう本音を漏らしている[25]。

日本ではその後もファウンドリー計画は持ち上がった。日立や東芝、ルネサス テクノロジが共同設立を試みた先端プロセス半導体ファウンドリ企画である。45ナノメートル半導体の量産を目指した。しかしこの段階ではもはや「引くに引けなくなった経産省に各社が付き合っているだけ」(当時の関係者)[26]。結果、設立に至らず頓挫した。

世界と闘えるような大手の半導体メーカーは、日本からはほとんど消えてしまった。IDMにこだわり続け、水平分業型に移行できずに半導体の製造分野はしぼんでしまった。政府が主導し、国内のメーカーをとりまとめようとしたものの、内部競争が起こることとなった。製造装置や材料では「基礎・共通的」な半導体戦略が成功している場合が多い。そもそもすり合わせが必要とされる分野だからだ。だが、製造自体では各社の独自性が重視されることから、共通化が成功しなかった。

ここから、これまでの日本半導体の課題が見えてくる。すなわち、時流を捉えた柔軟な経営（ガバナンス）の不在である。

日本の大手半導体メーカーは同時に大手電機メーカーでもある。半導体は一部門にすぎず、「金食い虫」として遠ざけられることさえあった。半導体は4年に1度訪れるとされる景況の波「シリコンサイクル」に左右され、数年先の利益が読みにくい。半導体の事業責任者は数年ごとに入れ替わり、過去の反省や経験を生かした経営がしにくい環境にあった。つまり、大手電機メーカーで半導体事業が本業と捉える会社が少なく、次世代だった水平分業型への移行が滞った。従来のＩＤＭ型でもしばらくは経営ができたため、わざわざ移行する理由を見いだせなかった。

アスプラのようなファウンドリー計画は、日本政府が水平分業型への移行を促そうとして失敗した代表例である。大手半導体メーカーの全体的かつ段階的な移行には、各社の方針の違いや開発競争からしがらみが生じやすい。情報漏えいを避けて共同開発するには、基礎的な研究が中心となり実用化に結びつけるのが難しかった。

加えて、日本の半導体製造の強みが設計でなく製造にあったことも原因にある。半導体メーカーは既に製造で高い歩留まり（良品率）を維持できている。製造を切り出すメリットは少なく、むしろ切り出すことによって半導体開発のノウハウ蓄積が滞る可能性さえある。半導体メーカーの経営者にとって、転換へのメリットは少なく見えていた。

当の日本政府や経産省は過去の失敗要因をどう見たか。

「過去の半導体戦略は失敗でした」

そう述べた甘利氏はこの後、こう言葉を継いだ。「日本だけでやろうとしたからです」

甘利氏は、日本半導体におごりがあり、海外企業や政府との連携に積極的でなかった点を指摘する。

確かにこの反省にも理がある。例えばあすかプロジェクトにはサムスン電子が参画し、出資もしている。だが、日本政府が韓国政府と協力しながら国際戦略を推し進める姿勢は見られなかった。

米国政府は国内企業と協業し、サムスン電子やASMLといった海外企業を支援しながら自国の半導体産業を拡大していった歴史がある。国際的なオープンイノベーション拠点の整備も進めている。

「日本は過去、日本企業だけの連合として半導体戦略を進めてきました。一方で、海外ではオープンイノベーションとしてグローバルな研究拠点が整備されてきたわけです。ベルギー・imecや米アルバニー・ナノテク・コンプレックスのような研究拠点です。この動きに、日本は乗れなかったという反省が経産省にはあります」

経産省の荻野氏はこう振り返る。欧米では国際情勢を取り込んだ戦略を推し進めていった。その一方で、日本は一国主義で、国際政治を理解した上での戦略を練れなかった事情が含まれているのだろう。

「違い」と「過去」を生かせるか

翻って、ラピダスはどうか。

ラピダスには課題も多いが、これまでの半導体戦略との明確な違いもいくつかある。まず、ファウンドリー内部でのしがらみがないことだ。

ルネサス エレクトロニクスやキオクシアのような会社を除いて、国内の半導体メーカーは焼け野原に近い状況である。出資社である8社はほとんどが半導体ユーザーである。つまり、アスプラで起こったような内部のいさかいはまず起こらない。

投資額も文字通り「桁違い」である。これまでの国プロが多くとも数百億円規模だった。狙いが研究開発であり、その技術を利用し、工場を建ててビジネスにつなげるのは参加メーカーの財布から、という算段だったからだ。

ラピダスは量産までに5兆円と試算している。そのうち、少なくとも約2兆円を国費からの出資で賄いたい考えで、経産省側もこれを否定しない。

加えて、国際連携もある。これは経産省が重要視する点だ。経済安全保障という一大トレンドによる、新たな半導体サプライチェーンである。日本国内に製造基盤を確立しやすい状況で、IBMやimecとの協業を進める。この時流を捉えれば、2ナノメートル世代の量産にこぎつけられる可能性がある。

ラピダスにとって、半導体の製造ノウハウはIBMから獲得できるが、量産ノウハウの獲得先が見えていない課題がある。半導体サプライチェーンの流れを活用すれば、例えばインテルやサムスン電子との協業が見えてくるかもしれない。

ただし、過去の失敗を繰り返すかもしれない懸念もある。つまり、市場分析と経営である。海外を含めた幅広いユーザーの獲得や、世界のメガトレンドを捉えながら柔軟に経営戦略を変える体制はこれまでの日本半導体の復権戦略に不足していた。執筆時点では、ラピダスでも具体的なユーザー像がまだ公開されていない。例えばＴＳＭＣは米アップルがその売り上げの多くを占める。ラピダスの経営が軌道に乗るためには、こういった大口顧客を獲得するか、それに匹敵する多くの顧客を得る必要がある。

過去、半導体には多くのメガトレンドの変化があった。１９９０年代のパソコン、２０００年代の携帯電話、２０１０年代のスマートフォンとクラウドサービス――。これらが半導体市場をけん引し、微細化競争を加速させていった経緯がある。

２０２０年代以降のメガトレンドは何になるか。有力候補が人工知能（ＡＩ）だろう。ＡＩチャットサービス「チャットＧＰＴ」やＡＩ画像生成サービス「ミッドジャーニー」のようなサービスが話題を呼んでいる。今後は自動運転やロボット、ＩｏＴ（モノのインターネット）、工場、５Ｇ（第５世代移動通信システム）や６Ｇ（第６世代移動通信システム）などのネットワークにもＡＩは組み込まれていく。そこで重要になるのがＡＩ半導体である。

ラピダスが目指す少量多品種のロジック半導体は、AIとの相性が良い。それぞれの顧客のニーズに応えるカスタム半導体（ASIC）が求められるようになるからである。同時並行的に、膨大な情報が集まるデータセンターも増えていく、搭載する半導体への需要が増え、ラピダスへの発注が見込める。

2000年代のみらいプロジェクトリーダー、廣瀬氏は始動時にこう語っていた。

「これまでの国家プロジェクトは、成功か失敗かを明確にしてきませんでした。外から見ると明らかに失敗に見えるプロジェクトでも、なぜ失敗したのかという分析はまずされません。このため、失敗を知識として活用できていないのです」[17]

この言葉は、今でもそのままラピダスに当てはまるだろう。

これまでの半導体戦略が失敗した原因は、「日本国内だけで完結した」ことだけにとどまらないように見える。かつての大手半導体メーカーの経営者が、世界の半導体市場で勝ち抜くため、最後までやりきる意志を持っていたら……。政府や経営者に、業界動向や国際情勢を分析し、戦術を巧みに変化させる柔軟性があったら……。結果は大きく変わっていたかもしれない。

最終的な出口であるビジネスモデル、つまりどのような顧客に何を売るのか、それでいくら売り上げと利益が上がるのかが最も重要だ。多額の税金を投入する経産省。そしてそれを受け取るラピダスからは、国民を納得させるこうした情報発信が今後欠かせない。多額の税金を基にラストチャンスをつかみ、半導体復権はついに果たせるか。日本という国の未来にも大きく関わる。

ラピダスは、身動きの取りやすい国策ファウンドリーとして誕生した。焼け野原に芽吹いた若葉のような存在である。過去のような半導体メーカー同士の足の引っ張り合いはない。量産までこぎつけるための、資金も問題なさそうだ。量産技術についてはまだ不安が残るものの、他社が実現できている以上、当初の予定よりも時間やお金がかかるかもしれないが追いつくことは可能だろう。それを大樹に成長させられるか。世界のメガトレンドや情勢を冷静かつ素早く捉え、状況に応じて柔軟に判断できるか。政府や経営トップ層といった旗振り役のリーダーシップがカギになりそうだ。そしてそれは、多くの日本企業が繰り返し言われてきた課題でもある。

参考文献

1 土屋丈太、「ラピダスが異種チップ集積に本気、国内材料・装置メーカーを先導」、日経クロステック、２０２３年３月31日。https://xtech.nikkei.com/atcl/nxt/column/18/02398/00003/

2 「イビデン、半導体巨額投資の覚悟　ＴＳＭＣとの連携深化」、日経電子版、２０２３年２月２日。https://www.nikkei.com/article/DGXZQOFD256UZ0V20C23A1000000/

3 イビデンの「Financial Review 2022」を参照。https://www.ibiden.com/ir/items/FinancialReview2022EN.pdf

4 佐藤雅哉、「世界で使える量産レベルの３次元ＩＣ技術を開発、TSMCがつくば拠点の開所式」、日経クロステック、２０２２年７月１日。https://xtech.nikkei.com/atcl/nxt/column/18/01537/00392/

5 「イビデン、半導体部材工場に約２５００億円　アジア勢に対抗」、日経電子版、２０２３年１月６日。https://www.nikkei.com/article/DGXZQOFD252V50V21C22A2000000/

6 「イビデン新工場　政府から助成金　最大４０５億円」、日経電子版、２０２３年４月29日。https://www.nikkei.com/article/DGKKZO70637670Y3A420C2TB0000/

7 Maki Shiraki and Joyce Lee, "Samsung considers chip packaging test line in Japan as it seeks deeper cooperation -sources, "Reuters, Mar. 31, 2023. https://www.reuters.com/world/asia-pacific/samsung-considering-chip-test-line-japan-advanced-chip-packaging-sources-2023-03-31/

8 「第８回　半導体・デジタル産業戦略検討会議（改定案）」、経済産業省、２０２３年４月。https://www.meti.go.jp/policy/mono_info_service/joho/conference/semicon_digital/0008/4hontai.pdf

9 垂水康夫、「超ＬＳＩ共同研究所の思い出とその後の歩み」、日本半導体歴史館。https://www.shmj.or.jp/dev_story/pdf/research_dev/r_dev01.pdf

10 「第1章　超ＬＳＩ共同研究所　―共同研究所の元祖」、調査報告書「プロジェクト列伝」、武田計測先端地財団。http://takeda-foundation.jp/reports/pdf/prj0102.pdf

11 "Altair 8800 Microcomputer, "National Museum of American History. https://americanhistory.si.edu/collections/search/object/nmah_334396

12 金恵珍、「日本および韓国のＤＲＡＭにおける技術差異」、アジア経営研究、No.15、２００９年。https://www.jstage.jst.go.jp/article/jamsjsaam/15/0/15_153/_pdf/-char/ja

13 Andrew S. Grove, "Only the Paranoid Survive: How to Exploit the Crisis Points That Challenge Every Company, "Currency, 1999.

14 「【電子産業史】１９８７年：日米半導体摩擦」、日経クロステック、２００８年8月19日。https://xtech.nikkei.com/dm/article/COLUMN/20080807/156208/

15 「技術レター　［ＬＳＩ製造］：日本版ＥＵＶ開発機構　「ＥＵＶＡ」を正式発足　２００５年に実用機を完成」、日経マイクロデバイス、２００２年８月号

16 谷光太郎、「第二次半導体国家プロジェクトの発足」、山口経済学雑誌、２００２年。https://core.ac.uk/download/pdf/35424562.pdf

17 「インタビュー：「私が全責任を持つ」：半導体プロジェクト「ＭＩＲＡＩ」の全貌」、日経マイクロデバイス、２００１年９月号

18 「あすか（ＡＳＵＫＡ）プロジェクト―日本半導体の復活を目指す―」、武田計測先端知財団、２００８年９月19日。http://www.takeda-foundation.jp/reports/pdf/prj0105.pdf

19 「次世代半導体プロジェクト『あすか』は日本を救えるか？」、日経マイクロデバイス、２０００年11月号

20 「ＨＡＬＣＡプロジェクト」、武田計測先端知財団、２００８年９月。http://www.takeda-foundation.jp/reports/pdf/prj0111.pdf

21 大下淳一、「エルピーダの教訓生かせるか　国内ＳｏＣメーカー再生の条件」、日経エレクトロニクス、２０１２年３月19日号

22 「先端ＳｏＣ基盤技術開発（ＡＳＰＬＡ）—夢見た日の丸ファウンドリー」、武田計測先端地財団、２００８年９月19日。http://www.takeda-foundation.jp/reports/pdf/prj0108.pdf

23 長広恭明、「解説インタビュー２：プロジェクトの実行●構造改革の核になる」、日経マイクロデバイス、２００２年８月号

24 木村雅秀、「実録：共同ファブはなぜ破綻したのか〈上〉」、日経エレクトロニクス、２００７年４月９日号

25 「電子二等国ニッポン、ＮＥＣ西垣浩司元社長〝私がＮＥＣを解体した〟」、日経ビジネス、２００６年11月27日号

26 木村雅秀、「実録：共同ファブはなぜ破綻したのか〈下〉」、日経エレクトロニクス、２００７年４月23日号

半導体重大事件年表
（1948年～2030年）

年	世界の出来事	日本の出来事
半導体の黎明		
1948	米ベル研究所、トランジスタ発表	
1958～	集積回路（IC）の発明（ジャック・キルビー、ロバート・ノイス）	
1959		
1961	ソビエト連邦（現・ロシア）がロケットによる有人宇宙飛行を世界初成功	
1964	ベトナム戦争勃発、兵器への半導体搭載が進む	
1968	ロバート・ノイスとゴードン・ムーア、アンドルー・グローブら、米インテルを設立	
1969	米AMDが設立	
1970	米インテル、DRAMを世界で初めて発売	
1971	インテル、世界初のマイクロプロセッサー「Intel 4004」発売	
日米半導体摩擦		
1976		官民半導体コンソーシアム「超LSI技術研究組合」始動
1979		ソニー、「ウォークマン」が世界的ヒット
1980		東芝、フラッシュメモリー発明 超LSI技術研究組合が解散

真空管の時代

半導体メガトレンド	大型コンピューター・軍事・宇宙・ロケット

年	出来事	日本
1981	**米IBMの「IBM PC」が世界的ヒット、パソコンが普及へ**	日立製作所が民生機器向けにMOSイメージセンサーを量産
1984	米国、対日政策で「半導体チップ保護法」成立	
1985	インテル、DRAM事業から撤退	
1986	**「日米半導体協定」成立、日本のDRAM輸出に制限**	**日本、半導体生産量で米国を追い越し世界一に、DRAM生産量は世界のほとんどを占める**
1987	**世界初のファウンドリー企業である台湾TSMCが設立** **米国、官民半導体コンソーシアム「SEMATECH（セマテック）」始動、日本の超LSI技術研究組合を参考**	
1990	湾岸戦争勃発、レーザー誘導爆弾使用が本格化	
1991		日本、バブル崩壊へ
1992	**DRAM市場で韓国サムスン電子がシェア1位に**	**半導体市場で日本のメーカーが世界シェア1位から転落**
1993	**米国、日本の半導体出荷量を上回り世界首位に復帰** 米エヌビディアが設立	

パソコン

「半導体復権」の模索

1994
台湾で半導体メーカーが躍進
国内半導体メーカー10社が半導体産業研究所（SIRIJ）を設立

1995
半導体理工学研究センター（STARC）が設立

1996
超先端電子技術開発機構（ASET）が設立
国内半導体メーカー10社が半導体先端テクノロジーズ（Selete）を設立

1999
NECと日立製作所のDRAM部門が統合、エルピーダメモリが設立
「共同ファブ構想」が考案

2000
中国ファウンドリー企業SMICが設立

2001
オランダASML、米国リソグラフィー大手SVGを買収
中国で半導体の投資ラッシュ
「みらい」「あすか」「はるか」の半導体国家プロジェクトが始動
NECや東芝などが汎用DRAM事業から撤退
国策ファウンドリー企業ASPLA（アスプラ）が設立

2002
半導体国家プロジェクト「DIIN」始動
露光装置研究機関EUVA設立、EUV露光装置の実用機開発に取り組む
NECが半導体事業を分社、NECエレクトロニクスを設立

2003
日立製作所と三菱電機のシステムLSI事業が統合、ルネサステクノロジが設立
次世代半導体材料技術研究組合（CASMAT）設立

パソコン

携帯電話機

微細化競争の加速（2007）

年	世界の出来事	日本の出来事	主な製品
2004		はるかプロジェクトが解散	携帯電話機
2005	サムスン電子、ファウンドリー事業を開始	**ASPLAが経営失敗、解散** 共同ファブ構想が立ち消え	携帯電話機
2006		「つくば半導体コンソーシアム（TSC）」が始動 半導体国家プロジェクト「あすかII」が始動 あすかプロジェクトが解散	携帯電話機
2007	**米アップルが「iPhone」発売、スマートフォンが普及へ**		スマートフォン クラウドコンピューティング
2008		富士通が半導体事業を分社、富士通セミコンダクターを設立	スマートフォン クラウドコンピューティング
2009	米ファウンドリー企業グローバルファウンドリーズが設立		スマートフォン クラウドコンピューティング
2010		**NECエレクトロニクスとルネサス テクノロジが統合、ルネサス エレクトロニクスが設立**	スマートフォン クラウドコンピューティング
2011		あすかIIプロジェクトが解散 みらいプロジェクトが解散 Seleteが解散 EUVAが解散、EUV露光装置開発に至らず EUVL基盤開発センター（EIDEC）が設立、EUV露光装置周辺技術の研究開発	スマートフォン クラウドコンピューティング

米中半導体摩擦

2012

- **エルピーダメモリが経営破綻**

2015

- インテル、最先端ロジック半導体である7ナノメートル/10ナノメートル世代プロセス開発停滞

2016

- 米クアルコム、中国貴州省と合弁企業Huaxintong Semiconductorを設立
- STARCが解散

2018

- 米国、中国ZTEに制裁
- 台湾ファウンドリーUMCと中国国策企業JHICC、米マイクロンへのスパイ容疑で起訴
- **第5世代移動通信システム（5G）が米国で始動、米国は中国の軍事利用に警戒**
- **ASML、EUV露光装置を実用化、微細化競争が加速へ**
- 米国、輸出管理改革法（ECRA）が成立

2019

- **米国、中国ファーウェイを「エンティティーリスト」に追加、実質的な禁輸措置**
- 米中合弁Huaxintong Semiconductorが閉鎖
- TSMC、東京大学と大規模提携
- 東氏（現ラピダス会長）、米IBMから2ナノメートル世代ノウハウ提供の電話を受ける
- EIDECが解散

2020

- **米国、ファーウェイへの規制強化**
- **TSMC、米国に先端半導体工場の設立を発表**
- **米国、中国SMICをエンティティーリストに追加**
- **半導体不足が深刻化、サプライチェーン強化が課題に**
- **新型コロナウイルス感染症が世界的に感染拡大、工場ロックダウンへ**

スマートフォン
クラウドコンピューティング

スマートフォン　クラウドコンピューティング
ハイパフォーマンスコンピューティング

2021	韓国SKハイニックス、中国へのEUV露光装置の輸出を断念 サムスン電子、米国に最先端半導体の工場設立を発表	経済産業省、「半導体・デジタル産業戦略検討会議」を開始
	日米が半導体サプライチェーン強化で連携合意 日台が半導体サプライチェーン強化で連携合意	
	TSMCが日本子会社JASM設立、先端半導体の工場建設(熊本県)を発表	
2022	**米国、中国への半導体規制を大幅強化** 中国、米国の半導体規制を世界貿易機関(WTO)に提訴 米国、中国YMTCと中国SMEEをエンティティーリストに追加	**ファウンドリー企業ラピダスを設立、新研究機関LSTCと共同で最先端半導体を量産へ** ラピダス、IBMと大規模提携で合意 ラピダス、ベルギーimecと大規模提携で合意
	ロシアがウクライナ侵攻、先端半導体の重要性が浮き彫りに	
2023	日本とオランダ、米国と中国への半導体輸出規制で合意	JASM、熊本工場で先端半導体を量産始動
(以下予定) 2024	TSMC、米国の最先端半導体第1工場で量産始動	
2026	TSMC、米国の最先端半導体第2工場で量産始動	
2027		ラピダス、最先端半導体の量産始動
未定	TSMC、欧州に先端半導体の工場設立?	

2021〜2023: スマートフォン　クラウドコンピューティング　ハイパフォーマンスコンピューティング

2024〜: AI?

おわりに

「そうです。半導体って面白いんですよ」

数々の取材の中で、今でも筆者の心に残っている言葉である。その日、半導体研究者の東京大学 平本俊郎教授にレクチャーを受けていた。ラピダスが製造するという最新のトランジスタ構造として、「GAA FET」という技術がある。そして現在主流の技術は「FinFET」だ。果たしてGAAは、FinFETと比べて何が難しいのか。そもそも、FinFETって何だろう。大学時代建築学を専攻していた筆者は、恥ずかしながら半導体に関しては、ずぶの素人だ。このままではいけないと、平本教授の門をたたいた格好である。

平本教授にはトランジスタの基礎からご教示をいただいた。平本教授の半導体技術への熱い思いがひしひしと伝わってくる中で、筆者も自然と興奮していた。

冒頭の言葉が出たのは、GAA構造の製造法についての話の最中である。GAAナノシートは、電流経路であるチャネルが宙に浮いたような形になっている。実際にはゲートと呼ばれる基幹箇所がナノシートを支えているが、この宙に浮いたようなシートを「どう作ると思いますか?」と問われた。

ＦｉｎＦＥＴやＧＡＡのような先端トランジスタ構造となると、その対象となるのは極めて微細な数ナノメートルの半導体である。単純に積み木のように積み重ねて、宙に浮いたような形を作るのは難しい。位置ずれなどが問題になるからだ。

うなっていると、平本教授からの回答があった。いわく、母材であるシリコンとは異なるある物質をサンドイッチのように重ねていく。この異なる物質は特殊な溶剤で溶かせるため、最後にはシリコンだけがきれいに残る。シリコンのチャネルは宙に浮く。

つまり、トランジスタはウイルスほどに小さいが、やっていることは「高度なパズル」なのだ。さまざまな知見やノウハウを総動員し特定の状態を作り出す様に、思わず感銘を受けた。その顔を、平本教授に悟られたようだ。「半導体って面白い」。筆者が初めてそう感じられた瞬間だったかもしれない。

「久保田さん、明日から半導体技術を追ってもらうことにしたから」

日経エレクトロニクス編集長からの適当とも思える指示を受けた当初、その面白さがつかめなかった。いきなり、米国・ハワイで開催された半導体学会「VLSI Symposium」への取材を命じられ、現地に飛ぶことになった。初めての米国で興奮冷めやらぬ中、会場のホテルに着いた。さっそく講演を聞いてみる。「アニーリング」「裏面配線技術」「ＳＲＡＭの消費電力を大幅に減少」……。分からない。何かの呪文かと思った。

「高NA（開口数）のEUV（極端紫外線）露光装置をここで発表したって、結局誰が買えるって言うんですか」

オランダASMLの発表に対して、ヒッピー風の若者が質問をしていた。途端に会場に笑いが起こる。筆者にはEUV露光装置が数百億もする上に入手が極めて困難という知識がなかった。今思えばかなり挑戦的な質問を投げていたようだ。だがその時は、筆者は会場の空気に置いていかれていた。

それから取材を重ね、これらの用語も専門家には及ばないが、理解できていると思えるぐらいにはなった。筆者にとっての半導体の面白さは、そのギャップにある。ウイルスほど小さい部品が、世界の情勢を左右するというギャップ。そして先述のように、それほど小さいにもかかわらずパズルのような考え方が重要になっているというギャップである。

今、半導体を巡って各国政府のトップたちが思案している。半導体は先端技術の基幹部品である。これが十分確保できなくなれば、自国の産業、そして軍事力、国力が大きく減退してしまう。

「半導体の強みは団結にある。分断ではなく」。ベルギーの半導体研究機関imecのルク・ファンデンホーブ最高経営責任者（CEO）が述べたように、今後も技術が進化するのであれば団結は不可欠である。一方で、他国への規制は日本でも急ピッチに進んでいる。これは極めて慎重に取り組まなくてはならない。新たな争いの火種となるからだ。

「米国と半導体で手を握り合うのはいささか奇異な運命を感じる」。萩生田光一経済産業大臣(当時)は2022年、日米の半導体協力に関する記者会見の場でこう漏らしたという。1980〜1990年代の日米半導体摩擦は熾烈(しれつ)な戦いだった。結局、日本は米国の戦略的かつ柔軟な判断能力の前で一歩及ばなかった。2000年代はそこからのはい上がりを目指し、数々の国家プロジェクトや研究開発機関が生まれた。だが、軒並み半導体復権には至らず、といった結果である。

そこから今、風向きが変わりつつある。先端半導体で国際連携の機運が高まりつつあり、その中で日本は重要なプレーヤーの1極と位置付けられている。日本は米国や欧州、台湾、そして韓国と連携し、今度こそ復権を果たせるかもしれない。

その実現のために最も重要なのが、それを支える半導体エンジニアや半導体業界で働く人たちだ。1990年代の大敗を経て、人材は減ってしまった。2010年代初頭には日陰者のような扱いさえ受けることもあったという。去っていったエンジニアたちを戻し、若手を育てられるかがカギになる。

「半導体はやめなさい」。日本半導体の没落を目にしていた世代は、自分の子供の就職相談にこう答えることも少なくなかった。TSMC熊本工場(JASM新工場)やラピダスのビジネスが成功し、メディアなどで盛んに報じられるようになればそれも変わるかもしれない。「未来があるのは半導体学科だ」と10代の青年たちに思ってもらうには、さらなる情報発信が要るだろう。

ＪＡＳＭやラピダスを含む経済産業省の半導体戦略は、かなり野心的である。これが成功すれば、半導体のみならず半導体を使う関連分野にも産業の裾野が広がっていきそうだ。例えば、ＡＩ（人工知能）や５Ｇ／６Ｇ（第５／第６世代移動通信システム）のような新たな産業である。

これらの取り組みが呼び水となって、日本全体が「もう一度、世界に旗を立ててやろう」という気持ちになれるのか。半導体復権の肝は結局のところ、そこにあるのではないだろうか。

久保田 龍之介　くぼた・りゅうのすけ

日経クロステック／日経エレクトロニクス記者。2020年九州大学大学院人間環境学府修了。同年に日経BPに入社。電機業界を中心に半導体やロボット、デジタルツインなどの取材に携わる。

半導体立国ニッポンの逆襲
2030復活シナリオ

2023年6月19日　第1版第1刷発行
2023年6月29日　第1版第2刷発行

著　　者　久保田龍之介
編 集 者　中道 理
発 行 者　森重和春
発　　行　株式会社日経BP
発　　売　株式会社日経BPマーケティング
〒105-8308　東京都港区虎ノ門4-3-12

装　　丁　小口翔平＋後藤 司（tobufune）
制　　作　山原麻子（マップス）
印刷・製本　図書印刷株式会社

ISBN　978-4-296-20249-2